人工智能技术丛书

A First Course in Natural Language Processing

自然语言处理基础教程

王刚 郭蕴 王晨 ◎ 编著

图书在版编目（CIP）数据

自然语言处理基础教程 / 王刚，郭蕴，王晨编著 . -- 北京：机械工业出版社，2021.10
（2024.11 重印）
（人工智能技术丛书）
ISBN 978-7-111-69259-1

I. ①自… II. ①王… ②郭… ③王… III. ①自然语言处理 IV. ① TP391

中国版本图书馆 CIP 数据核字（2021）第 202063 号

本书介绍自然语言处理的基本概念、相关技术和常见应用。全书共 9 章，内容包括自然语言处理概述、词法分析、句法分析、基于机器学习的文本分类、深度学习与神经网络、词嵌入与词向量、卷积神经网络与自然语言处理、循环神经网络与自然语言处理、序列到序列模型与注意力机制。第 2 ~ 9 章中，每章都配有相关实例，读者可以通过这些实例巩固所学知识。另外，本书每章章末都有相应的习题，可供读者练习。

本书可作为高等院校计算机、人工智能、大数据相关专业本科生的教材，也可供计算机相关技术人员参考。

出版发行：机械工业出版社（北京市西城区百万庄大街 22 号 邮政编码：100037）
责任编辑：朱 劼　　责任校对：殷 虹
印 刷：固安县铭成印刷有限公司　　版 次：2024 年 11 月第 1 版第 5 次印刷
开 本：186mm×240mm 1/16　　印 张：14.5
书 号：ISBN 978-7-111-69259-1　　定 价：69.00 元

客服电话：(010) 88361066 68326294

PREFACE

前　言

自然语言是指人们日常交流使用的语言，例如汉语、英语、日语、法语等。语言是人类区别于其他动物的根本标志之一，在人类社会中扮演着重要的角色。人们借助约定俗成的语法规则，通过声音、文字、图像等不同类型的信号来传递思想、表达情感、记录观察到的现象等。语言的使用扩展了人类理解的范围，使人类可以借助复杂的概念体系和思维模式进行系统的、逻辑的思考和推论，从而提升智力水平。

本书主要介绍自然语言处理（Natural Language Processing，NLP）的基本概念、相关技术和常见应用。自然语言处理是语言学、计算机科学和人工智能的一个分支，研究如何使用计算机自动或半自动地处理、理解、分析以及运用人类语言。从广义上来讲，自然语言处理包含所有用计算机对自然语言进行操作的方法，既包含通过统计词频来比较不同写作风格的简单手段，也包含能够完全“理解”人类语言的终极目标。

基于NLP的技术正在广泛地影响人类的生活、工作、学习、社交等方方面面。例如：百度翻译、谷歌翻译等可以利用机器翻译将一种语言迅速翻译为另一种语言；当我们在百度或者谷歌上搜索内容时，只要输入两三个词，自动补全功能就会显示可能的搜索内容，自动更正功能还可以纠正错别字等错误；小爱同学、Siri、谷歌助手、小度等语音助手可以通过语音识别和自然语言理解等技术来处理我们的口头命令并执行相应的操作；邮件分类和过滤功能则可以对邮件进行自动分类，并过滤垃圾邮件；等等。通过提供设计良好的人机界面和更高级的存储信息访问方式，自然语言处理正在多语言交流的信息社会中发挥着重要的作用。

本书面向高等院校理工科特别是新工科相关专业的学生，帮助其掌握自然语言处理的相关概念，使其具备利用自然语言处理进行算法分析和解决相关专业问题的能力。

全书共 9 章，主要内容如下。

第 1 章介绍自然语言处理的基本概念、主要研究任务和技术，以及自然语言处理开发环境的搭建。

第 2 章介绍词法分析的基本概念，以及词法分析中的几个子任务和典型算法，包括分词、关键词提取、词性标注和命名实体识别，并通过实例来介绍如何使用词法分析工具。

第 3 章介绍句法分析的基本概念和典型算法，以及常用的中文句法分析工具，并通过一个实例来说明基于 PCFG 算法的句法分析。

第 4 章介绍机器学习的基本概念、典型算法，以及 scikit-learn 机器学习库的使用方法，并通过一个垃圾邮件分类的实例来介绍多个基于机器学习的文本分类器。

第 5 章介绍如何用基于人工神经网络的深度学习方法解决 NLP 问题。本章涵盖深度学习的入门知识，可为后续章节的学习打下基础。

第 6 章介绍文本向量化的基本概念和常用的文本向量化方法，包括词嵌入、Word2Vec 和 Doc2Vec，并通过利用 Doc2Vec 计算文档相似度的实例来介绍文本向量化工具的使用。

第 7 章介绍卷积神经网络（Convolutional Neural Network，CNN）的基本概念，以及如何使用卷积神经网络处理 NLP 问题，并通过使用 CNN 实现新闻文本分类的实例说明使用 CNN 完成 NLP 任务的基本方法。

第 8 章介绍循环神经网络（Recurrent Neural Network，RNN）的基本概念，以及如何使用循环神经网络处理 NLP 问题，并通过使用 LSTM 网络实现文本情感分析的实例说明使用 RNN 完成 NLP 任务的基本方法。

第 9 章介绍序列到序列模型和注意力机制的基本概念，并通过基于注意力机制的机器翻译实例说明如何使用编码–解码架构来构建序列到序列模型。

本书是教育部产学合作协同育人项目（2019 年第 2 批）的成果，由南开大学计算机学院公共计算机基础教学部的老师结合多年的教学和项目实践经验，针对新工科相关专业对自然语言处理的学习需要编写而成。在本书的编写过程中，得到了北京华育兴业科技有限公司王鹏总监的大力支持，在此表示真诚的感谢！

本书在准备和编写的过程中参考了国内外机器学习、深度学习及自然语言处理领域的一些开放课程、书籍、论坛、博客、论文和开源资料等，在此对资源的作者表示感谢。由于编者能力和时间的限制，书中难免有不妥或错误之处，恳请同行和读者斧正。

作　者

2021 年 7 月于南开园

CONTENTS

目 录

前言

第 1 章 自然语言处理概述 …… 1

1.1 自然语言处理的基本概念 …… 1

1.1.1 什么是自然语言处理 …… 1

1.1.2 自然语言处理的层次 …… 2

1.1.3 自然语言处理的发展历程 …… 3

1.2 自然语言处理技术面临的困难 …… 6

1.2.1 歧义 …… 6

1.2.2 知识的获取、表达及运用 …… 7

1.2.3 计算问题 …… 8

1.3 自然语言处理的主要研究任务和应用 …… 8

1.3.1 自然语言处理的主要研究任务 …… 8

1.3.2 自然语言处理的典型应用 …… 10

1.4 搭建自然语言处理开发环境 …… 11

1.4.1 Anaconda …… 11

1.4.2 scikit-learn …… 15

1.4.3 Jupyter Notebook …… 15

1.5 本章小结 …… 16

1.6 习题 …… 17

第 2 章 词法分析 …… 18

2.1 什么是词法分析 …… 18

2.2 分词 …… 19

2.2.1 中文分词简介 …… 19

2.2.2 基于词典的分词方法 …… 20

2.2.3 基于统计的分词方法 …… 21

2.2.4 实例——使用 N-gram 语言模型进行语法纠正 …… 24

2.2.5 中文分词工具简介 …… 27

2.2.6 实例——使用 jieba 进行高频词提取 …… 30

2.3 关键词提取 …… 32

2.3.1 TF-IDF 算法 …… 32

2.3.2 TextRank 算法 …… 33

2.3.3 实例——提取文本关键词 …… 34

2.4 词性标注 …… 40

2.4.1 词性标注简介……40
2.4.2 隐马尔可夫模型……41
2.4.3 Viterbi 算法……43
2.4.4 最大熵模型……44
2.5 命名实体识别……46
2.5.1 命名实体识别简介……46
2.5.2 条件随机场模型……47
2.5.3 实例——使用 jieba 进行日期识别……48
2.6 本章小结……52
2.7 习题……53
第 3 章 句法分析……54
3.1 什么是句法分析……54
3.2 句法分析树库及性能评测……56
3.2.1 句法分析语料库……56
3.2.2 句法分析模型的性能评测……59
3.3 概率上下文无关文法……59
3.4 依存句法分析……62
3.4.1 基于图模型的依存句法分析……63
3.4.2 基于转移模型的依存句法分析……63
3.5 中文句法分析工具简介……65
3.6 实例——中文句法分析……66
3.7 本章小结……68
3.8 习题……68
第 4 章 基于机器学习的文本分类……69
4.1 机器学习简介……69
4.1.1 scikit-learn 简介……71
4.1.2 机器学习基本概念……72
4.1.3 机器学习问题分类……73
4.2 朴素贝叶斯分类器……76
4.3 逻辑回归分类器……80
4.4 支持向量机分类器……84
4.5 文本聚类……89
4.6 实例——垃圾邮件分类……94
4.7 本章小结……99
4.8 习题……99
第 5 章 深度学习与神经网络……101
5.1 深度学习与神经网络简介……101
5.2 人工神经网络……102
5.2.1 生物神经元……102
5.2.2 感知器……103
5.2.3 激活函数……105
5.2.4 神经网络……110
5.3 前馈神经网络……110
5.3.1 前馈神经网络的结构……110
5.3.2 前向传播……111
5.3.3 损失函数……112
5.3.4 反向传播算法……113
5.3.5 优化方法……114
5.4 深度学习框架……116
5.4.1 TensorFlow……116

5.4.2 Keras……118
5.4.3 PyTorch……119
5.4.4 PaddlePaddle……120
5.5 实例——使用 MLP 实现手写数字识别……122
5.5.1 数据准备……122
5.5.2 创建 MLP……122
5.5.3 模型训练……123
5.5.4 模型评价……124
5.6 本章小结……125
5.7 习题……126

第 6 章 词嵌入与词向量……127

6.1 文本向量化……127
6.2 One-Hot 编码……128
6.3 词嵌入……130
6.3.1 什么是词嵌入……130
6.3.2 词嵌入的实现……131
6.3.3 语义信息……132
6.4 Word2Vec……133
6.4.1 Word2Vec 简介……133
6.4.2 Word2Vec 的应用……134
6.4.3 使用 gensim 包训练词向量……136
6.5 Doc2Vec……138
6.5.1 PV-DM……139
6.5.2 PV-DBOW……140
6.6 实例——利用 Doc2Vec 计算文档相似度……140
6.6.1 准备语料库……140
6.6.2 定义和训练模型……141
6.6.3 分析文本相似度……142
6.7 本章小结……145
6.8 习题……145

第 7 章 卷积神经网络与自然语言处理……146

7.1 卷积神经网络简介……146
7.1.1 深层神经网络用于图像处理存在的问题……146
7.1.2 什么是卷积……148
7.1.3 填充……150
7.1.4 步长……151
7.1.5 什么是卷积神经网络……151
7.2 应用卷积神经网络解决自然语言处理问题……152
7.2.1 NLP 中的卷积层……152
7.2.2 NLP 中的池化层……154
7.2.3 NLP 中 CNN 的基本架构……155
7.3 CNN 在应用中的超参数选择……156
7.3.1 激活函数……156
7.3.2 卷积核的大小和个数……156
7.3.3 dropout 层……156
7.3.4 softmax 分类器……157
7.4 实例——使用 CNN 实现新闻文本分类……158

7.4.1 准备数据 …… 158
7.4.2 定义和训练模型 ……163
7.5 本章小结 ……165
7.6 习题 …… 166

第 8 章 循环神经网络与自然语言处理 ……167

8.1 循环神经网络的基本结构…… 168
8.2 循环神经网络应用于自然语言处理……170
8.2.1 序列到类别 ……170
8.2.2 同步序列到序列 ……171
8.2.3 异步序列到序列 ……172
8.3 循环神经网络的训练 ……173
8.3.1 随时间反向传播算法…173
8.3.2 权重的更新 ……174
8.3.3 梯度消失与梯度爆炸…175
8.4 长短期记忆网络 ……175
8.4.1 细胞状态 ……177
8.4.2 门控机制 ……177
8.5 门控循环单元网络……181
8.6 更深的网络…… 184
8.6.1 堆叠循环神经网络 …… 184
8.6.2 双向循环神经网络 …… 185
8.7 实例——使用 LSTM 网络实现文本情感分析…… 186
8.7.1 数据准备…… 186
8.7.2 构建和训练模型 …… 187
8.8 本章小结 ……190
8.9 习题……191

第 9 章 序列到序列模型与注意力机制 ……192

9.1 序列到序列模型 ……192
9.1.1 什么是序列到序列模型 ……192
9.1.2 编码–解码架构 ……193
9.1.3 编码器…… 194
9.1.4 解码器……195
9.1.5 模型训练 ……197
9.2 注意力机制…… 198
9.2.1 什么是注意力机制 …… 198
9.2.2 计算语义向量…… 200
9.2.3 自注意力机制…… 200
9.2.4 Transformer 模型 …… 202
9.3 实例——基于注意力机制的机器翻译…… 203
9.3.1 准备数据 …… 203
9.3.2 构建并训练模型 …… 207
9.3.3 使用模型进行翻译 ……211
9.4 本章小结 ……212
9.5 习题……213

参考文献 ……215

CHAPTER 1

第1章 自然语言处理概述

自然语言处理（Natural Language Processing，NLP）被誉为人工智能皇冠上的明珠，是计算机科学领域以及人工智能领域的重要研究方向。近年来，自然语言处理的很多技术应用于商业实践，获得了良好的市场和经济效益。本章将为读者介绍NLP的基本概念、NLP的主要研究方向和技术，以及NLP基本开发环境的搭建。

1.1 自然语言处理的基本概念

语言是人类区别于其他动物的根本标志之一，在人类社会中具有重要的作用。语言的使用扩展了人类理性的范围，使人类可以借助复杂的概念体系和思维模式进行系统的思考和逻辑性的推理，提升人类的智力水平。自然语言是指汉语、英语、法语等人们日常使用的语言，它之所以称为自然语言，是为了与人造语言进行区分，例如C++、Python等程序设计语言属于人造语言。

1.1.1 什么是自然语言处理

自然语言处理是语言学、计算机科学和人工智能的一个分支，主要研究如何使用计算机自动（或半自动）地处理、理解、分析以及运用人类语言。它关注人与计算机之间使用自然语言进行有效通信的各种理论和方法，目标是让计算机能够“理解”自然语言，代替人类执行语言翻译和问题回答等任务。简单来说，计算机以用户的自然语言作为输入，在其内部通过定义的算法进行加工、计算等一系列操作（用以模拟人类对自然语言的理解），再返回用户所期望的结果。

自然语言处理旨在研究语言能力和语言应用的模型，建立计算机（算法）框架来实现这样的语言模型，并完善、评测，最终用于设计各种实用系统。从自然语言的角度出发，自然语言处理可以分为自然语言理解（Natural Language Understanding，NLU）和自然语言生成（Natural Language Generating，NLG）两部分。NLU 涉及语言、语境和各种语言形式，使机器能够理解“自然语言”的整体上下文和含义，而不仅仅是字面上的定义。它的目标是能够像人类一样理解书面或口头语言。NLG 则相反，是将结构化数据转换为自然语言的过程。例如，它可以生成长文本，实现自动生成报告，或者在交互式对话（聊天机器人）中生成简短的文本简介，然后借助语音合成系统读出文本。

1.1.2　自然语言处理的层次

一个完整的 NLP 问题解决过程是一个层次化过程，通常包括五个层次，分别是语音分析、词法分析、句法分析、语义分析和语用分析。

- 语音分析是指根据人类的发音规则和日常发音习惯，从语音输入数据中区分出一个个独立的音节或音调，再根据音位形态规则找出音节及其对应的词素或词。
- 词法分析是指找出词汇的各个组成部分，分析这些组成部分之间的关系，进而从中获得语言学的信息。
- 句法分析是对句子和短语的结构进行分析，目的是找出词、短语等的相互关系及其在句中的作用。
- 语义分析是要找出词的意思，并在词意的基础上拼接出一段完整话语的意思，从而确定语言所表达的真正含义或概念。
- 语用分析是离我们生活最近的层次，但也是比较难的部分，它是研究语言的外界环境对语言使用者所产生的影响。

在人工智能领域或语音信息处理领域，学者们普遍认为采用图灵测试可以判断计算机是否理解了某种自然语言，判断标准有以下几条：

- 问答，机器能正确回答输入文本中的有关问题。
- 文摘生成，机器有能力生成输入文本的摘要。
- 释义，机器能用不同的词语和句型来复述其输入的文本。
- 翻译，机器具有把一种语言翻译成另一种语言的能力。

1.1.3　自然语言处理的发展历程

自然语言处理的发展大致经历了4个阶段：萌芽期、符号主义时期、连接主义时期和深度学习时期，如图1-1所示。

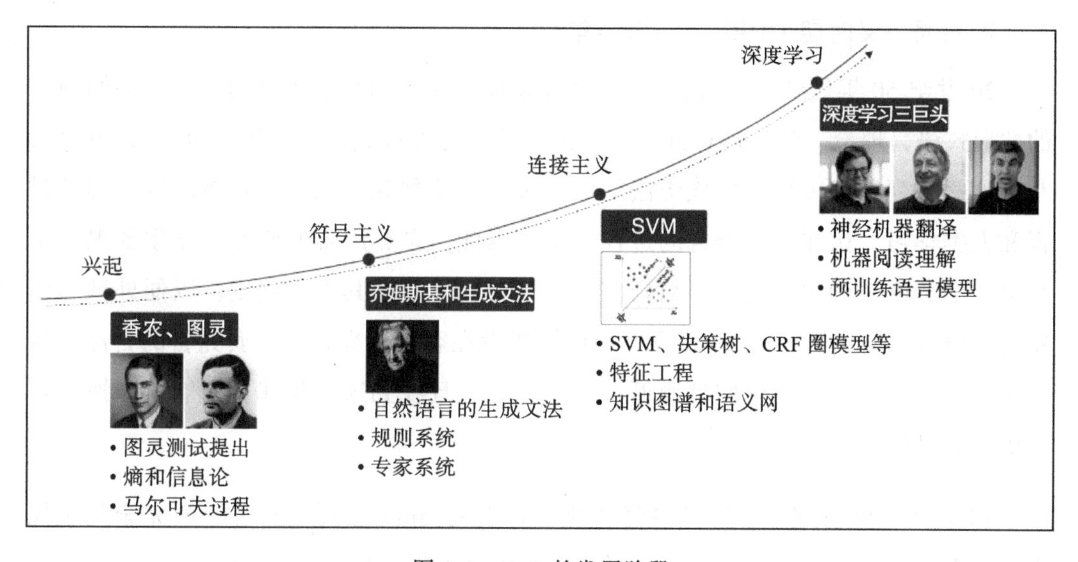

图1-1　NLP的发展阶段

1. 萌芽期（1956年之前）

很多科学家认为，自然语言处理的研究兴起于1950年前后。在二战中，对德国恩尼格密码的破解为盟军的胜利做出了重大的贡献。二战后，曾经参与密码破解的香农和图灵等人开始思考自然语言处理和计算之间的关系。

1948 年，香农（Shannon）把离散马尔可夫应用于语言自动机，并提出把热力学中“熵”（Entropy）的概念扩展到自然语言建模领域。香农认为，与其他物理世界的信号一样，自然语言也具有统计学规律，可以借助统计分析去理解自然语言。

1956 年，诺姆·乔姆斯基（Noam Chomsky）借鉴了香农的思想，使用有限自动机来描述形式语法，并且根据产生它们的语法来定义语言，从此，一个叫作“形式语言理论”的领域诞生了。根据形式语言理论，一种语言可以被看作一组字符串，每个字符串都可以被看作由有限自动机产生的符号序列。

他们的工作直接推动了基于规则和基于概率这两种不同的自然语言处理技术的产生。从此，对自然语言处理的研究就被分为基于规则方法的符号主义学派和基于概率方法的连接主义学派。

2. 符号主义时期（1956 ～ 1980 年）

20 世纪 50 年代到 70 年代，自然语言处理主要采用基于规则的方法，乔姆斯基的“形式语言理论”就是这种方法的例证。基于这种观点，一种语言包含符号序列，并且这些序列必须遵循其生成语法的语法规则。这种观点认为，自然语言处理的过程和人类学习、认知一门语言的过程类似，因此，自然语言的研究工作主要聚焦于从语言学角度对词法、句法等结构信息进行分析，总结其中的规则，以便处理和使用自然语言。简单来说，“形式语言理论”假设在客观世界存在一套完备的自然语言生成规律，每一句话的生成都遵循这套规律。一旦找到这套规律，人们就掌握了自然语言的奥秘。

1966 年，麻省理工学院的魏泽鲍姆（Weizebaum）教授发布了一款完全基于规则的聊天机器人 ELIZA，成为这一时期的标志性事件，如图 1-2 所示。

然而，就在同年，ALPAC（Automatic Language Processing Advisory Committee，自动语言处理顾问委员会）发布的一项报告中指出，十年来机器翻译研究进度缓慢、未达预期。该报告发布后，机器翻译和自然语言的研究资金大为减缩，自然语言处理和人工智能的研究进入了寒冰期。

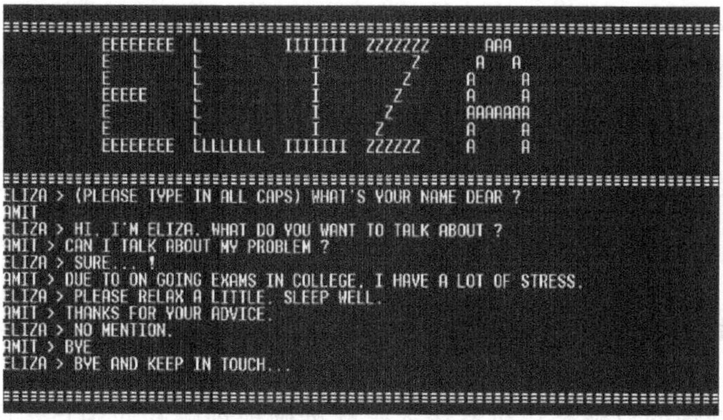

图 1-2 聊天机器人 ELIZA

3. 连接主义时期（1980 ～ 1999 年）

1980 年，由于计算机技术的发展和算力的提升，个人计算机可以处理更加复杂的计算任务，自然语言处理研究得以复苏，研究人员开始使用统计机器学习方法处理自然语言任务。这一时期被称为“经验主义的回归”。IBM 的 Watson 研究中心在语音和语言处理中采用概率模型的工作极大地影响了这种方法，实验室的研究人员采用基于统计的方法将当时的语音识别率从 70% 提升到 90%。

这一时期的变化表明，概率和数据驱动的方法已成为自然语言处理研究在解析算法、词性标注、篇章处理等方面的标准。

4. 深度学习时期（2000 年至今）

进入 21 世纪后，自然语言处理有了突飞猛进的发展。研究者使用人工提取自然语言特征的方式，结合简单的统计机器学习算法解决自然语言问题。其实现方式是基于研究者在不同领域的经验，将自然语言抽象为一组特征，使用这组特征结合少量标注样本，训练各种统计机器学习模型（如支持向量机、决策树、随机森林、概率图模型等)，完成不同的自然语言任务。

2006 年，Geoffrey Hinton 提出了深度神经网络反向传播（BP）算法。伴随着互联网的爆炸式发展和计算机技术的进步，特别是 GPU（Graphic Processing Unit，图形处理单元）算力的进一步提高，自然语言处理迈入了深度学习时代。深度学习网络利用一个多层的神经网络，将原始数据从输入层开始，经过逐层非线性变化得到输出。从词向量到Word2Vec，从RNN到LSTM，运用深度神经网络的强大拟合能力，结合从互联网获得的海量数据，自然语言处理技术日趋成熟并显现出巨大的商业价值，在机器翻译、问答系统、阅读理解等领域取得了一定的成功。

1.2 自然语言处理技术面临的困难

自然语言处理的目标是让机器像人一样准确地理解和使用自然语言。无论在语法层次、句法层次、语义层次还是在语用层次，自然语言中都存在着大量的歧义现象，如何消解这些歧义是自然语言处理面临的核心问题。

1.2.1 歧义

我们来看以下几个例子。

例 1 下雨天留客天留人不留。

对于中文而言，如何划分词的边界是中文信息处理中面临的一个难题。例1有多种划分方式，如下所示：

1）下雨天，留客天，留人不留？

2）下雨天，留客天，留人不？留。

3）下雨天留客，天留人不留。

这句话还有很多其他的划分方式，此处不一一列举。由此可见，同样的一句话，因为断句不同，表达的意思也会有很大差别。词是承载语义的最小单位，但是在人们的日常交谈中，词与词之间通常是连贯说出来的，即使在书面语言中，中文等语言的词与词之间也没有像英文中的空格一样的天然分隔符，因此，中文信息的处理比英文等西方语言多了一步工序，即确定词的边界，称为“分词”，这属于词法层面的消歧任务。

例 2　I saw a man in the park with a telescope.

这句话可以理解为：

1）我在公园里看到一个拿着望远镜的男人。

2）我用望远镜看到有一个男人在公园里。

3）我在公园里用望远镜看到一个男人。

可见，即使如英文这种以空格作为天然分隔符的语言，同样存在词法层面的消歧问题。

例 3　做手术的是张老师。

这句话有两种理解方式：一是张老师得病了，需要做手术；二是有病人需要做手术，张老师是主刀医生。哪一个是正确的理解方式属于句法层面的消歧任务。

1.2.2　知识的获取、表达及运用

除了在词法、句法等层面存在一定困难外，在获取、表达以及运用消除歧义所需要的知识上也存在许多困难。我们来看下面两个例子。

例 4　小张欺负小李，因此我批评了他。

在理解上面这句话的时候，后半句中的“他”指的是小张还是小李需要通过上下文来确定，“小张欺负小李”意味着小张做得不对，因此这个“他”应当指代的是小张。可见，在理解一句话时，即使不存在歧义问题，我们也需要考虑上下文的影响。由于上下文对于当前句子的暗示形式是多种多样的，因此如何考虑上下文影响问题是自然语言处理中的主要困难之一。

例 5　请看以下对话：

女生：就算你给我买个包，我也不会原谅你的。

男生：好的好的，我不会买的，不要生气了好吧。

看完以上对话，你认为这个女生还会不会生气呢？显然，从字面意思很难确定，正确理解人类语言还要有足够的背景知识。

1.2.3　计算问题

自然语言处理的发展除了受语言学的制约外，在计算角度也存在天然的局限性。现有的计算机都以浮点数作为输入和输出，擅长执行算术类运算。而自然语言本身并不是数字，计算机为了存储和显示自然语言，需要按照某种格式把自然语言中的字符转换为二进制编码。由于这个编码本身不是数字，因此对这个编码的计算往往不具备数学和物理含义。例如，把“中国”和“首都”放在一起，大多数人首先联想到的内容是“北京”。但是，如果我们使用“中国”和“首都”的UTF-8编码做加、减、乘、除等运算，则无法轻易获取“北京”的UTF-8编码，甚至无法获得一个有效的UTF-8编码。因此，如何让计算机有效地计算自然语言是计算机科学家和工程师面临的一个巨大挑战。

1.3　自然语言处理的主要研究任务和应用

自然语言处理技术可以应用于很多领域，下面来看一下它的主要研究任务和应用。

1.3.1　自然语言处理的主要研究任务

自然语言处理常见的任务大致可以分为序列标注、分类、关系判断和自然语言生成四类。

1. 序列标注

序列标注任务就是在给定的文本序列上预测序列中需要做出标注的标签，主要包括以下内容。

- 分词：词是最小的、能够独立使用的、有意义的语言成分。中文与英文都需要分词，但两者的不同之处在于，中文没有空格作为天然分隔符，因此，分词问题显得更加重要。

- 词性标注：词性标注就是在分词的基础上，判定每个词的语法范畴，确定其词性并加以标注的过程，这也是自然语言处理中一项重要的基础性工作。词性一般是指动词、名词、形容词等。
- 命名实体识别：简单来说，命名实体识别问题就是将一段文本序列中包含的实体识别出来，例如人名、地名、机构名等。

2. 分类

自然语言处理的分类任务主要包括文本分类和情感倾向分析。

- 文本分类：文本分类是指在给定的分类体系中，将文本指定到某个或某几个类别中。例如，将新闻文本分类到财经、体育、军事、娱乐等类别。
- 情感倾向分析：从本质上看，文本情感分析也是分类问题，是对带有情感色彩（通常指褒义 / 贬义、正向 / 负向）的主观性文本进行分析，以确定该文本的观点、喜好、情感倾向。

3. 关系判断

文本关系判断任务主要包括文本相似度计算和自然语言推理。

- 文本相似度计算：在信息爆炸时代，人们迫切希望从海量信息中获取与自身需要和兴趣吻合度高的内容，为了满足此需求，出现了多种技术，如搜索引擎、推荐系统、问答系统、文档分类与聚类、文献查重等，而这些应用场景的关键技术之一就是文本相似度计算技术。
- 自然语言推理：自然语言推理研究一个假设是否可以从一个前提中推断出来，前提和假设都是文本序列。换句话说，自然语言推理决定了一对文本序列之间的逻辑关系。

4. 自然语言生成

自然语言生成主要包括机器翻译和文本摘要。

- 机器翻译：利用计算机将一种自然语言（源语言）转换为另一种自然语言（目标语言）的过程。
- 文本摘要：随着互联网产生的文本数据越来越多，文本信息过载问题日益严重，文本摘要的目标是将长文本进行压缩、归纳和总结，从而形成具有概括性含义的短文本。

1.3.2 自然语言处理的典型应用

随着计算机和互联网技术的发展，自然语言处理技术在各领域得到了广泛应用，下面给出一些典型的应用。

- 语音识别：语音识别的应用已经非常普及，微信里可以将语音转为文字，可以使用语音为手机发送指令，汽车中使用导航时可以直接说出目的地，老年人使用输入法时也可以直接用语音而不用学习拼音。
- 机器翻译：机器翻译是NLP中常见的应用场景，国内外有很多比较成熟的机器翻译产品，如百度翻译、谷歌翻译等，还有支持语音输入的多国语言互译的硬件产品。
- 聊天机器人：客户服务和客户体验对于任何公司来说都是非常重要的，优质的客户服务和良好的客户体验可以帮助公司改进产品，提升客户满意度。但是，与客户进行手动交互并解决问题是一项烦琐的任务。许多公司已经将聊天机器人用于其应用程序和网站，以解决客户的一些基本问题。
- 自动更正和自动完成：当我们使用百度或谷歌搜索某个内容时，在输入几个字后，搜索引擎会显示可能的搜索词。或者，搜索一些有错别字的内容时，搜索引擎会更正它们，并给出适合的搜索结果。
- 社交媒体监控：如今，越来越多的人开始使用社交媒体发表对某些产品、政策或社会事件的看法。这些信息有可能包含一些不健康的内容，可以使用NLP技术对这些内容进行自动检测。

1.4 搭建自然语言处理开发环境

本节主要介绍如何搭建基本的自然语言处理开发环境。

1.4.1 Anaconda

Anaconda是一个开源的Python发行版本，对于Python初学者而言极其友好，它主要有以下三个优点。

- Anaconda附带了一大批常用的数据科学包，包括Conda、Python和180多个科学包及其依赖项，可以立即用它开始自己的项目。
- Anaconda是在Conda（一个包管理器和环境管理器）上发展出来的。在数据分析中会用到很多第三方的包，而Conda可以很好地帮助我们在计算机上安装和管理这些包，包括安装、卸载和更新包。
- 可以在电脑上创建多个Python环境，并为每个Python环境安装不同的包，不同环境互不影响、相互切换，操作简单。

1. 安装Anaconda

Anaconda的安装步骤如下。

步骤1：下载Anaconda。下载地址为www.anaconda.com/download。使用浏览器进入该网址后，选择相应的安装版本（本书以Windows 10、64位操作系统为例），如图1-3所示。

步骤2：安装Anaconda。下载安装包后，右键单击安装包，选择“以管理员身份运行”，开始安装，如图1-4所示。按照指示，依次单击Next按钮，不需要做任何修改，默认安装即可。

步骤3：安装完成后，单击“开始”菜单，可以看到安装的所有Anaconda组件，如图1-5所示。

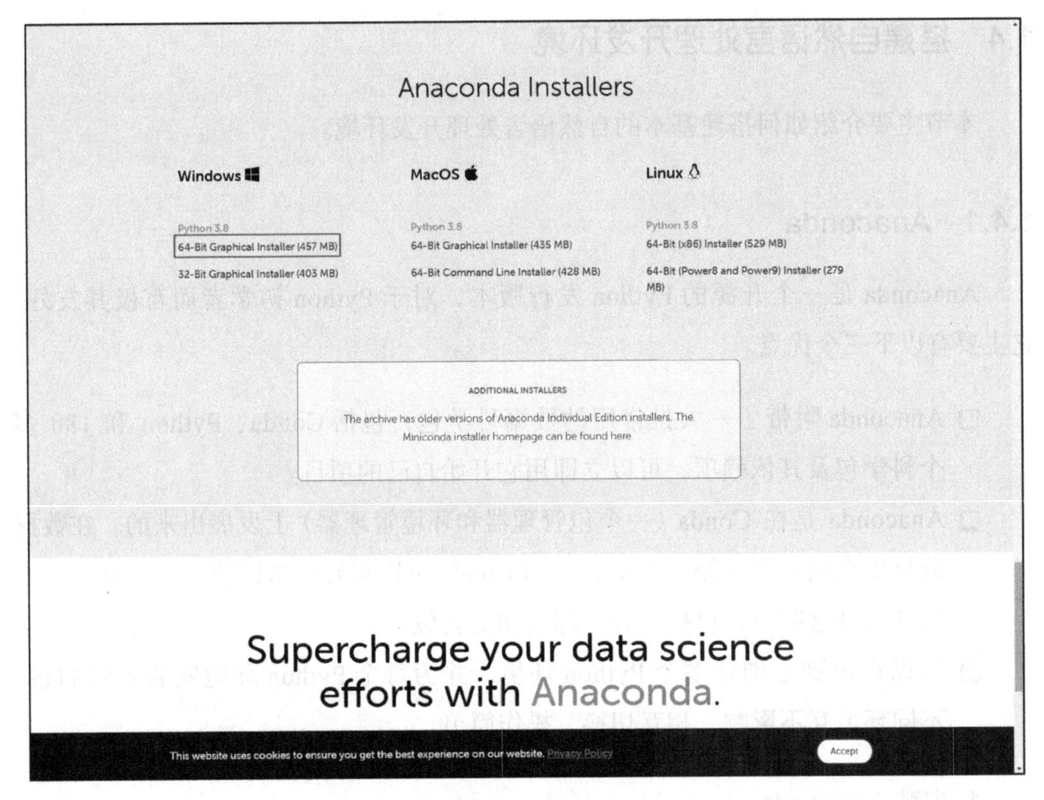

图 1-3　Anaconda 安装包下载页面

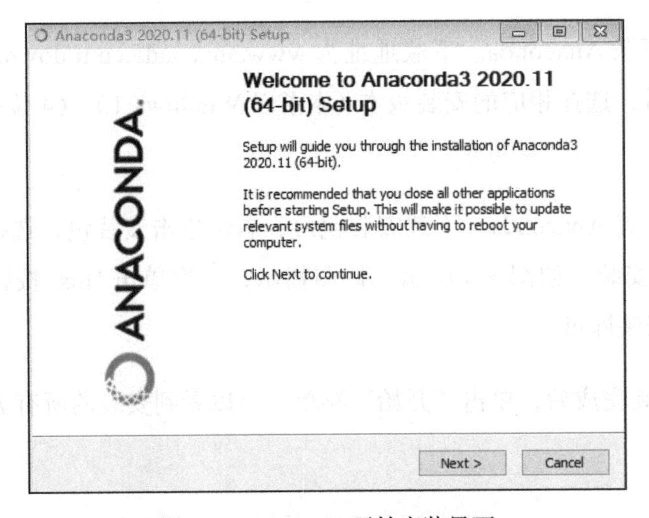

图 1-4　Anaconda 开始安装界面

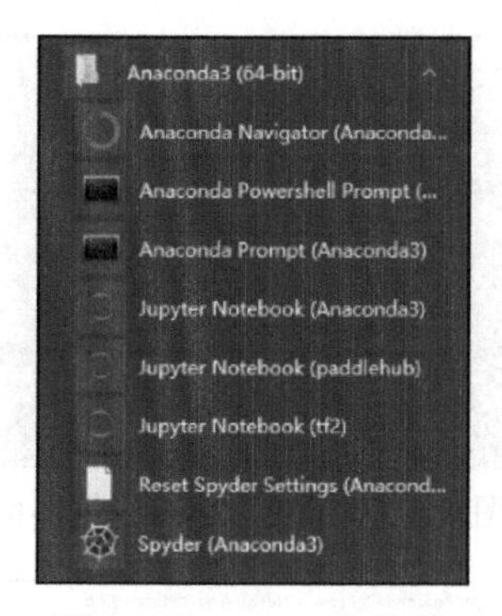

图 1-5　Anaconda 组件

2. 使用 Anaconda

Anaconda 有两种模式：提示符模式（Anaconda Prompt）和浏览器模式（Anaconda Navigator）。我们主要使用提示符模式。打开“开始”菜单后，右键单击“Anaconda3 (64-bit)”，选择“更多”，单击“以管理员身份运行”，如图 1-6 所示。

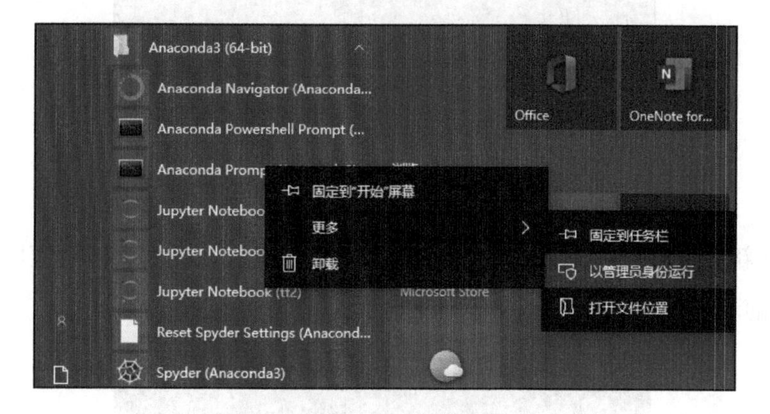

图 1-6　运行 Anaconda

Anaconda 提示符方式运行的界面如图 1-7 所示。

首先使用 conda create -n nlp python=3.7.6 命令创建一个名为 nlp、3.7.6 版本的 Python 环境，并在提示是否继续时选择“y”，如图 1-8 所示。

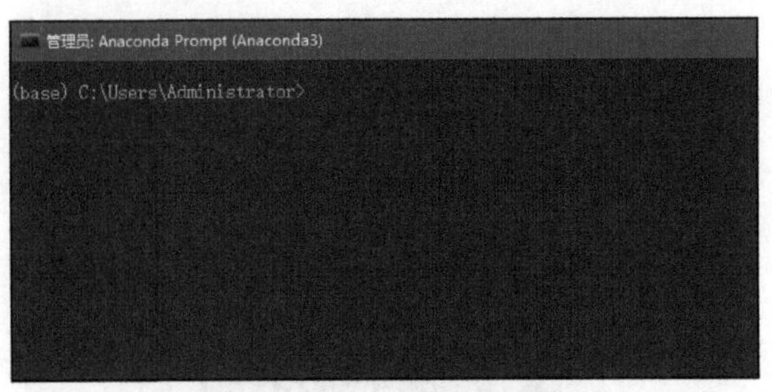

图 1-7　Anaconda 提示符界面

```
管理员: Anaconda Prompt (Anaconda3) - conda  create -n nlp python=3.7.6

## Package Plan ##

  environment location: C:\ProgramData\Anaconda3\envs\nlp

  added / updated specs:
    - python=3.7.6

The following packages will be downloaded:

    package                    |            build
    ---------------------------|-----------------
    python-3.7.6               |       h60c2a47_2        14.8 MB
    ------------------------------------------------------------
                                           Total:        14.8 MB

The following NEW packages will be INSTALLED:

  ca certificates    pkgs/main/win 64::ca certificates-2021.4.13-haa95532_1
  certifi            pkgs/main/win-64::certifi-2020.12.5-py37haa95532_0
  openssl            pkgs/main/win-64::openssl-1.1.1k-h2bbff1b_0
  pip                pkgs/main/win-64::pip-21.0.1-py37haa95532_0
  python             pkgs/main/win-64::python-3.7.6-h60c2a47_2
  setuptools         pkgs/main/win-64::setuptools-52.0.0-py37haa95532_0
  sqlite             pkgs/main/win-64::sqlite-3.35.4-h2bbff1b_0
  vc                 pkgs/main/win-64::vc-14.2-h21ff451_1
  vs2015_runtime     pkgs/main/win-64::vs2015_runtime-14.27.29016-h5e58377_2
  wheel              pkgs/main/noarch::wheel-0.36.2-pyhd3eb1b0_0
  wincertstore       pkgs/main/win-64::wincertstore-0.2-py37_0


Proceed ([y]/n)? y
```

图 1-8　创建新环境

创建好新环境后，使用 conda activate nlp 命令进入该环境，然后使用命令 conda list 显示当前环境已安装的包，如图 1-9 所示。

```
管理员: Anaconda Prompt (Anaconda3) - conda  activate nlp - conda  activate base

(nlp) C:\Users\Administrator>conda list
# packages in environment at C:\Users\Administrator\Anaconda3\envs\nlp:
#
# Name                    Version                   Build  Channel
ca-certificates           2021.4.13            haa95532_1
certifi                   2020.12.5        py37haa95532_0
openssl                   1.1.1k               h2bbff1b_0
pip                       21.0.1           py37haa95532_0
python                    3.7.6                h60c2a47_2
setuptools                52.0.0           py37haa95532_0
sqlite                    3.35.4               h2bbff1b_0
vc                        14.2                 h21ff451_1
vs2015_runtime            14.27.29016          h5e58377_2
wheel                     0.36.2             pyhd3eb1b0_0
wincertstore              0.2                    py37_0

(nlp) C:\Users\Administrator>
```

图 1-9　nlp 环境已安装的包

有关 Anaconda 的其他命令，这里不再赘述。

1.4.2　scikit-learn

scikit-learn 也称为 sklearn，是一个开源的基于 Python 语言的机器学习工具包。它通过 NumPy、SciPy 和 Matplotlib 等 Python 数值计算的库实现高效的算法应用，包含从数据预处理到训练模型的各种功能。在实际应用中，使用 scikit-learn 可以极大地节省编写代码的时间并减少代码量，使我们有更多的精力去分析数据分布、调整模型和修改超参数。

使用 pip install sklearn 命令安装 sklearn 及其依赖的基础科学计算库 NumPy 和科学计算工具集 SciPy，如图 1-10 所示。

```
(nlp) C:\Users\Administrator>pip install sklearn
Collecting sklearn
  Using cached sklearn-0.0-py2.py3-none-any.whl
Collecting scikit-learn
  Downloading scikit_learn-0.24.1-cp37-cp37m-win_amd64.whl (6.8 MB)
     |████████████████████████████████| 6.8 MB 1.7 MB/s
Collecting scipy>=0.19.1
  Downloading scipy-1.6.2-cp37-cp37m-win_amd64.whl (32.6 MB)
     |████████████████████████████████| 32.6 MB 1.6 MB/s
Collecting joblib>=0.11
  Downloading joblib-1.0.1-py3-none-any.whl (303 kB)
     |████████████████████████████████| 303 kB 6.8 MB/s
Collecting numpy>=1.13.3
  Downloading numpy-1.20.2-cp37-cp37m-win_amd64.whl (13.6 MB)
     |████████████████████████████████| 13.6 MB 3.3 MB/s
Collecting threadpoolctl>=2.0.0
  Downloading threadpoolctl-2.1.0-py3-none-any.whl (12 kB)
Installing collected packages: numpy, threadpoolctl, scipy, joblib, scikit-learn, sklearn
Successfully installed joblib-1.0.1 numpy-1.20.2 scikit-learn-0.24.1 scipy-1.6.2 sklearn-0.0 threadpoolctl-2.1.0

(nlp) C:\Users\Administrator>
```

图 1-10　sklearn 的安装界面

最后，使用 pip install matplotlib 命令安装 Python 绘图库 Matplotlib。至此，基础的开发环境搭建已完成。

1.4.3　Jupyter Notebook

本书使用 Jupyter Notebook 作为开发工具。Jupyter Notebook 是基于网页的用于交互计算的应用程序，可被应用于全过程计算，包括编写文档、运行代码和展示结果等。

在使用之前，首先要安装 Jupyter Notebook。在提示符环境中使用 conda activate nlp 命令进入 nlp 环境，然后使用 pip install jupyter notebook 命令进行安装。

安装完成后，先创建一个工作目录，例如使用 d: 和 md mynlp 命令创建工作目录 d:\mynlp，然后使用 cd mynlp 命令进入该目录。接下来，使用 jupyter notebook 命令运行 Jupyter Notebook，如图 1-11 所示。

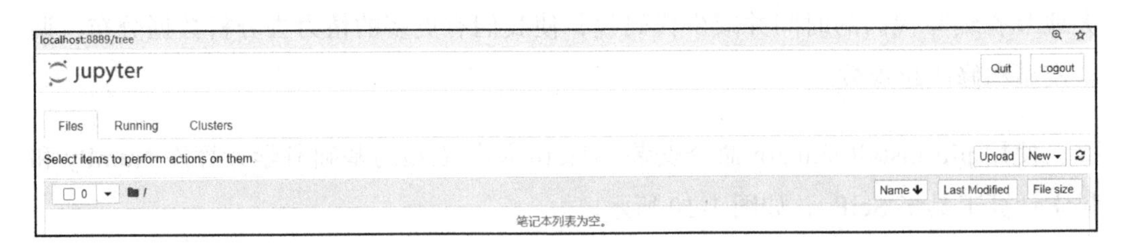

图 1-11　Jupyter Notebook 界面

由于我们还没有创建任何项目，因此显示“笔记本列表为空”。可以单击右侧的下拉菜单 New，选择“Python 3”创建新项目，然后就可以在单元格中编写 Python 代码了。单击“运行”按钮可执行代码，如图 1-12 所示。

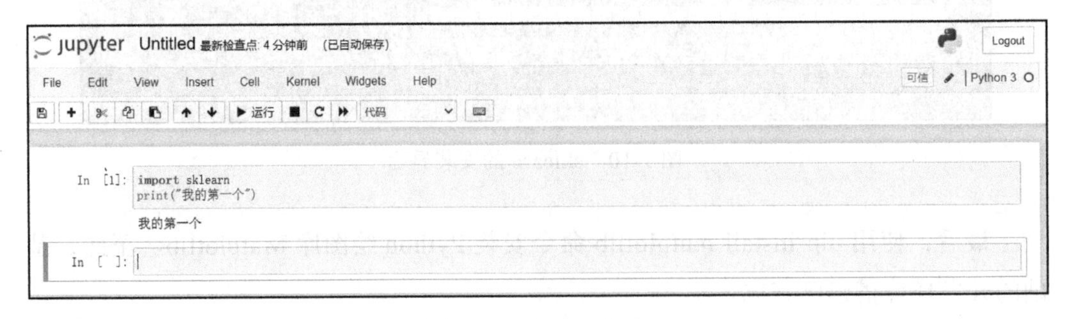

图 1-12　创建新项目

1.5　本章小结

自然语言处理是人工智能的一个重要分支，有着广泛的应用。本章介绍了自然语言处理的基本概念、技术、困难、主要研究任务以及开发环境的搭建等内容，使读者对自然语言处理有初步的了解。

1.6　习题

一、填空题

1. 在人工智能领域或语音信息处理领域，学者们普遍认为采用________可以判断计算机是否理解某种自然语言。
2. 把输入的源语言文本通过自动翻译获得另外一种语言的文本称为________。

二、选择题

1. 以下不属于自然语言处理的是（　　）。
   A. 机器翻译　　B. 语义分割　　C. 文本分类　　D. 语音识别
2. 以下不属于序列标注的是（　　）。
   A. 分词　　B. 序列标注　　C. 命名实体识别　　D. 模式识别

三、简答题

1. 简述自然语言处理的发展阶段。
2. 简述自然语言处理的主要研究任务。

CHAPTER 2

第2章

词法分析

词法分析，就是利用计算机对自然语言的形态（morphology）进行分析，判断词的结构和类别等，是自然语言处理中的关键组成部分。针对某种语言的词法分析与语言本身的特性相关，不能一概而论。对于中文来说，词法分析的首要任务是能把一串连续的字符正确地切分成一个一个的词，然后能正确地判断每个词的词性，以便于后续句法分析的实现。中文分词和词性标注等词法分析任务一般被统称为中文词法分析。

本章将分别介绍词法分析中的几个子任务及典型算法。在2.2.4节、2.2.6节、2.3.3节、2.5.3节中，我们还将通过几个实例来介绍如何使用词法分析工具（如jieba分词库等）来完成词法分析任务。

2.1 什么是词法分析

在中文自然语言处理中，首要的问题就是中文分词，这是因为在中文文本中，词与词之间并没有如空格这样的边界。另外，中文分词还包含切分歧义消除和未登录词识别两个子问题。中文分词的准确与否，直接影响着机器翻译、信息抽取等自然语言处理系统的性能。

词性标注，就是在给定的句子中判定每个词的语法范畴，确定其词性并加以标注的过程。词性标注也是自然语言处理中的一项基础性课题，对于中文词性标注来说，其难点主要在于兼类词的自动词类歧义排除。

中文词法分析的方法主要可以分为三种：基于规则的方法、基于统计的方法（基于机器学习的方法），以及基于规则和统计的混合方法。

2.2 分词

2.2.1 中文分词简介

词是能够被独立运用的最小的语言单位。以汉语为代表的孤立语及以日语为代表的黏着语，与以英文为代表的屈折语不同。在这些语言中，词与词之间没有明显的边界标记。分词（Word Segmentation）就是让计算机在文本中的词与词之间自动加上空格或其他边界标记，是对中文进行自然语言处理时的一项基础性工作。中文分词的准确与否，对机器翻译、文本分类、自动摘要等研究都有着重要影响。另外，其他语言如英语中的句法分析、词组切分、手写单词边界识别，与中文分词在本质上属于同一类问题，可以使用相同的方法解决。因此，中文分词的研究对自然语言处理的发展有着重要意义。

然而，中文分词面临着分词规范模糊、歧义切分复杂、未登录词识别困难的三大挑战。首先，汉语里“词”并没有明确界定，对于如何划分单字词和语素、词和词组，难以给出一个公认的、权威的标准。其次，汉语中歧义是非常普遍的现象。例如，对于“乒乓球拍卖完了”这句话，既可以切分为“乒乓球拍 / 卖 / 完 / 了”，又可以切分为“乒乓球 / 拍卖 / 完 / 了”，这两种切分方式显然有着不同的含义。按照歧义切分类型的不同，中文歧义又可分为交集型切分歧义、组合型切分歧义，以及同时包含交集型和组合型的混合型切分歧义。最后，未登录词，或称新词、OOV（Out Of Vocabulary，未登录词），其识别上的困难也为中文分词带来了挑战。未登录词通常包括人名、地名、企业名等各类专有名词、缩写词，以及新涌现的网络词汇等。在实际工作中，未登录词的出现频率要远远高于歧义文本，对分词结果的精度有很大影响。在自然语言处理中，通常将人名、地名、机构名，以及时间、日期、货币、百分比统称为命名实体，对于它们的识别问题称为命名实体识别（Named Entity Recognition，NER）。对命名实体识别问题的处理效果，直接影响到知识图谱、机器翻译、问答系统等诸多 NLP 系统的性能，我们将在 2.5 节进行单独讨论。

经过专家和学者的不懈努力，中文分词问题已经有许多成熟的解决方案，一般可以分为基于词典的分词方法、基于统计的分词方法、基于理解的分词方法，以及基于词典与统计相结合的分词方法。本节将主要介绍基于词典的分词方法和基于统计的分词方法。

2.2.2　基于词典的分词方法

基于词典的分词方法，或者称为机械分词方法或基于规则的分词方法，是最早被提出的分词方法，其主要思想就是将待切分的文本与一个足够大的词典中的词语进行匹配。根据对待切分文本扫描顺序的不同，基于词典的分词方法可分为正向扫描法、逆向扫描法和双向扫描法。根据匹配原则的不同，又可分为最大匹配法、最小匹配法、逐词匹配法和最佳匹配法。在中文分词任务中，常用的基于词典的分词方法有正向最大匹配法、逆向最大匹配法、双向匹配法，以及全切分法等。本节将重点介绍正向最大匹配法和逆向最大匹配法。

1. 正向最大匹配法

正向最大匹配法（Forward Maximum Matching，FMM），其基本思想类似于“查字典”的方法——将文本从左到右扫描一遍，遇到词典里有的词就标识出来，遇到复合词就找到词典中最长的词与之匹配，遇到不认识的字串就将其切分成单字。正向最大匹配法的具体算法描述如下：

1）从左到右取待切分文本中的 n 个字符作为匹配字段，n 为机器可读词典中最长词条的长度。

2）查找机器可读词典进行匹配。如果匹配成功，则将该匹配字段作为一个词被切分出来，然后从待切分文本中继续选取 n 个字符进行匹配；如果匹配不成功，则将该字段的最后一个字符去掉，将剩下的字符串作为新的匹配字段，重新进行匹配。

3）重复步骤2中的过程，直到切分出所有词为止。

2. 逆向最大匹配法

逆向最大匹配法（Reverse Maximum Matching，RMM）的分词过程与正向最大匹配法大致相同，区别在于逆向最大匹配法每次从待切分文本的末端开始处理，每次匹配不成功时，去掉最前面的一个字符。实验表明，逆向最大匹配法给出的结果准确率要优于正向最大匹配法。

由于算法简单，基于词典的分词方法具有分词速度快的天然优势。然而，其结果的准确率与词典的好坏密切相关。特别地，在未登录词较多的情况下，基于词典的分词方法往往无法保证结果的准确率。

2.2.3 基于统计的分词方法

基于统计的分词方法与基于词典（基于规则）的分词方法最明显的不同就是基于统计的分词方法摒弃了词典，在进行分词时，代替词典作为输入的是由大规模的语料库训练出的语言模型。自然语言处理和语音识别学家贾里尼克曾说："一个句子是否合理，就看它的可能性大小如何。"统计语言模型就是计算一个句子出现的概率大小的模型。本节将主要介绍统计语言模型——N元语言模型，关于隐马尔可夫、最大熵、条件随机场的相关内容，我们将在后续章节中进行详细讨论。

假设一个自然语言句子 S 由词 $w_1\ w_2\cdots w_n$ 构成，句子 S 出现的概率 $p(S)$ 可以表示为：

$$p(S)=p(w_1, w_2, \cdots, w_n) \quad (2\text{-}1)$$

利用条件概率的链式规则，序列 S 出现的概率应等于每个词出现的概率的乘积，于是 $p(w_1, w_2, \cdots, w_n)$ 可展开为：

$$p(w_1, w_2, \cdots, w_n)=p(w_1)p(w_2 \mid w_1)p(w_3 \mid w_1,w_2)\cdots p(w_n \mid w_1, w_2, \cdots, w_{n-1}) \quad (2\text{-}2)$$

在上式中，第 i（$1 \leqslant i \leqslant n$）个词出现的概率是由它前面的所有词 $w_1, w_2, \cdots, w_{i-1}$ 决定的。假设词典的大小为 L，则对于最后一个词 w_n，其前面所有词的可能性有 L^{n-1} 种。要计算 $p(w_n \mid w_1, w_2, \cdots, w_{n-1})$，就需要计算在这 L^{n-1} 种不同的情况下 w_n 出现的概率，而这几乎是不可能的。

但如果对式（2-2）做一阶马尔可夫假设，即假设句子中的任意一个词 w_i 出现的概率只与它前面的一个词 w_{i-1} 有关，那么句子 S 出现的概率 $p(S)$ 就可以被大大简化为：

$$p(S) = p(w_1)p(w_2 \mid w_1)p(w_3 \mid w_2)\cdots p(w_n \mid w_{n-1}) \tag{2-3}$$

式（2-3）即为二元文法模型（Bigram Model），也称二元模型。

类似地，如果对式（2-2）做 N 阶马尔可夫假设，即假设句子中的任意一个词 w_i 出现的概率由它前面的 $N-1$ 个词决定，其对应的语言模型称为N元语言模型（N-gram）。在N元语言模型中，句子 S 出现的概率 $p(S)$ 可以表示为：

$$p(S) = \prod_{i=1}^{n} p(w_i \mid w_{i-N+1}^{i-1}) \tag{2-4}$$

其中，w_{i-N+1}^{i-1} 表示词 w_i 在N元语言模型中的历史 $w_{i-N+1}\cdots w_{i-1}$。

特别地，当 $N=1$ 时，即当 w_i 出现的概率完全独立于前面的词，一元语言模型也称为Unigram Model；当 $N=3$ 时，即当 w_i 出现的概率只与它前面的两个词 w_{i-2}、w_{i-1} 有关，三元语言模型也称为Trigram Model。在中文自然语言处理的实际应用中，一般取 $N \leqslant 3$。

以二元语言模型为例，通过极大似然估计法（Maximum Likelihood Estimation，MLE）来估计 $p(w_i \mid w_{i-1})$ 的值（$1 \leqslant i \leqslant n$），我们需要得到词 w_{i-1} 出现的频数，以及两个词 w_i、w_{i-1} 相邻出现的频数，两者相除便可计算出概率 $p(w_i \mid w_{i-1})$ 的值：

$$p(w_i \mid w_{i-1}) = \frac{\text{count}(w_{i-1}w_i)}{\text{count}(w_{i-1})} \tag{2-5}$$

在使用N-gram语言模型时，还有一个问题值得注意，那就是数据稀疏导致的零概率问题。由于我们使用的训练语料库大小是有限的，以二元语言模型为例，必然有一些词的组合 $w_{i-1}\ w_i$ 是语料库中从未出现过的，即 $\text{count}(w_{i-1}\ w_i) = 0$，则 $p(w_i \mid w_{i-1}) = 0$。然而，这样的结果不够准确，因为包含 $w_{i-1}\ w_i$ 的句子总有出现的可能，即使概率极小也不应为零。

为了解决零概率问题，我们需要进行数据“平滑”操作。数据平滑是一类用来调整最大似然估计的技术。简单地说，数据平滑就是提高低概率、降低高概率，使概率分布趋于平均。常用的数据平滑方法包括拉普拉斯平滑方法（Laplace平滑方法）、古德–图灵（Good-Turing）估计法、Katz平滑方法、Jelinek-Mercer平滑方法、Witten-Bell平滑方法、绝对减值法、Kneser-Ney平滑方法等。本节将重点介绍拉普拉斯平滑方法和古德–图灵估计法。

1. Laplace平滑方法

Laplace平滑方法，也称“加1法”，是最简单的平滑技术之一。假设语料库中所有事件的出现次数都比实际的出现次数多一次，对于N元语言模型，经过Laplace平滑化后，每个词出现在句中的条件概率为：

$$p(w_n \mid w_{n-N+1}^{n-1}) = \frac{\text{count}(w_{n-N+1}^{n-1} w_n) + 1}{\text{count}(w_{n-N+1}^{n-1}) + V} \tag{2-6}$$

其中，V 是词汇表中单词的个数。Laplace平滑方法的弊端是，语料库中的事件往往大部分都是没有出现过的，出现次数全部加1很容易为这些事件分配过多的概率空间。

2. Good-Turing估计法

Good-Turing估计法是很多平滑技术的核心，其基本思想就是对于语料库中的每一个出现 r 次的事件，将其出现次数调整为 r^*，计算 r^* 的公式为：

$$r^* = (r+1)\frac{n_{r+1}}{n_r} \tag{2-7}$$

其中，n_r 是出现次数为 r 的事件个数，n_{r+1} 是出现次数为 $r+1$ 的事件个数。假设语料库的大小为 N，则对于出现 r 次的事件，其概率为：

$$p_r = \frac{r^*}{N} \tag{2-8}$$

当 $r=0$ 时，$p_0 = \frac{n_1}{n_0 N}$，即为每个零概率事件分配了一个很小的概率 $\frac{n_1}{n_0 N}$。显然：

$$\begin{aligned}\sum_{r=0}^{\infty} n_r r^* &= \sum_{r=0}^{\infty}(r+1)n_{r+1} \\ &= \sum_{r=1}^{\infty} n_r r \\ &= N\end{aligned} \tag{2-9}$$

也就是说，所有事件的概率之和依然为 1，只是通过调整每个可见事件的概率将 $\frac{n_1}{n_0 N}n_0 = \frac{n_1}{N}$ 的概率剩余量分配给了未见事件，从而解决了未见事件的零概率问题。

2.2.4 实例——使用 N-gram 语言模型进行语法纠正

下面是使用 N-gram 语言模型进行语法纠正的实例。

步骤 1：导入实验所需的库。

```
import os
import re
import time
import codecs
import numpy as np
from pyhanlp import *
from collections import Counter
```

pyhanlp 是一个自然语言处理工具包，包括分词、词性标注、句法分析等。

步骤2：导入语料获取工具和词典制作工具。

```
CorpusLoader = SafeJClass('com.hankcs.hanlp.corpus.document.CorpusLoader')
NatureDictionaryMaker = SafeJClass('com.hankcs.hanlp.corpus.dictionary.
    NatureDictionaryMaker')
```

使用pyhanlp工具包中的CorpusLoader和NatureDictionaryMaker，用来获取语料和制作2-gram词典。

步骤3：设置语料库和模型存储路径。

```
corpus_path = "./data/msr_training.utf8"
model_path = "./data/msr_correction_model"
```

本实例采用微软亚洲研究院的语料库msr_training训练模型。

步骤4：将语料库文本转换为句子列表。

```
sentences = CorpusLoader.convert2SentenceList(corpus_path)
print(sentences[10])
```

使用pyhanlp工具包中的convert2SentenceList方法将语料库文本转换为句子列表sentence。本实例没有去除停用词和特殊符号，在后续章节的例子中，我们将介绍去除停用词的方法。

步骤5：为单词插入标签。

```
for sent in sentences:
    for word in sent:
        if word.label is None:
            word.setLabel("n")
print(sentences[10])
```

为每个词设置标签，以便为2-gram训练做准备。如果原先有标签，就保持原先的标签不变，如果没有，就插入标签“n”。

步骤6：训练二元语言模型。

```
t0 = time.time()
```

```
maker = NatureDictionaryMaker()
maker.compute(sentences)
maker.saveTxtTo(model_path)
t1 = time.time()
print("2-gram 训练结束，时间 =%.2f sec"%(t1-t0))
```

训练并存储模型。使用 NatureDictionaryMaker 初始化一个词典；使用 compute 方法处理语料，准备词典；使用 saveTxtTo 方法存储词典。

步骤 7：设置词典路径。

```
HanLP.Config.CoreDictionaryPath = model_path + ".txt"  # unigram
HanLP.Config.BiGramDictionaryPath = model_path + ".ngram.txt"  # bigram
print("HanLP.Config.CoreDictionaryPath=%s" % HanLP.Config.CoreDictionaryPath)
print("HanLP.Config.BiGramDictionaryPath=%s" % HanLP.Config.BiGramDictionaryPath)
```

CoreDictionaryPath 和 BiGramDictionaryPath 分别是一元语言模型和二元语言模型词典的存储路径。

步骤 8：根据“的”字的前后代价，计算平均代价。

```
# 计算 '的 '之前和之后词语的平均代价
CoreDictionary = LazyLoadingJClass('com.hankcs.hanlp.dictionary.CoreDictionary')
CoreBiGramTableDictionary = LazyLoadingJClass('com.hankcs.hanlp.dictionary.
    CoreBiGramTableDictionary')
def caculate_weight(pre_word, de_word, pro_word):
    # 计算 pre_word@de 的代价
    if CoreDictionary.getTermFrequency(pre_word) != 0:
        pre_weight = CoreBiGramTableDictionary.getBiFrequency(pre_word, de_
            word) / CoreDictionary.getTermFrequency(pre_word)
    else:
        pre_weight = 0
    # 计算 pro_word@de 的代价
    if CoreDictionary.getTermFrequency(de_word):
        pro_weight = CoreBiGramTableDictionary.getBiFrequency(de_word, pro_
            word) / CoreDictionary.getTermFrequency(de_word)
    else:
        pro_weight = 0
    # 计算 pre_word@de@pro_word 的代价
    cost = (pre_weight + pro_weight) / 2
    return cost
```

步骤 9：预测文本中的“的”“地”“得”。

```
candidate_word_li = [u'的', u'地', u'得']
with codecs.open('./data/的地得词组练习.txt', 'rb', 'utf-8', 'ignore') as infile:
    for line in infile:
        line = line.strip()
        if line:
            pre_word, cur_word, pro_word = re.split(u'【|】', line)
            candidate_weight_li = []
            for candidate_word in candidate_word_li:
                candidate_weight_li.append(caculate_weight(pre_word,
                    candidate_word, pro_word))
            predict_word = candidate_word_li[np.argmax(candidate_weight_li)]
            if predict_word == cur_word:
                print("正确：", predict_word, line)
            else:
                print("错误：", predict_word, line)
```

测试文本是一个包含若干行“的”“地”“得”句子的文本文件。程序根据字典计算得到三个字中的一个，可以应用于“的”“地”“得”的语法检测，检测结果如图 2-1 所示。

```
正确： 的 勤劳【的】人民
正确： 的 欢呼【的】人群
错误： 的 跑【得】飞快
正确： 得 抬【得】高高的
正确： 的 努力【的】学习
正确： 地 认真【地】思考
正确： 的 优秀【的】成绩
正确： 的 有趣【的】游戏
错误： 的 下【得】真大
正确： 得 跳【得】很远
错误： 的 难受【得】流泪
错误： 的 积极【地】举手
错误： 的 玩【得】开心
正确： 的 平静【的】湖面
正确： 的 巨大【的】轮船
错误： 的 亮【得】夺目
正确： 得 美【得】难以形容
正确： 地 高高【地】站立
正确： 的 热闹【的】市场
正确： 的 流动【的】人群
错误： 的 站【得】笔直
错误： 的 累【得】无精打采
错误： 地 激动【得】欢呼起来
正确： 的 成功【的】喜讯
正确： 的 四面八方【的】人们
正确： 的 欢唱【的】黄鹂
正确： 的 盛开【的】野菊
正确： 的 美丽【的】故事
正确： 的 动听【的】歌曲
正确： 的 小猪【的】肚皮
正确： 的 馋嘴【的】猫咪
正确： 的 有趣【的】发现
正确： 的 滔滔【的】洪水
正确： 的 紧张【的】工作
错误： 的 静静【地】流过
错误： 的 变化【得】真快
正确： 的 明亮【的】月光
正确： 地 缓缓【地】移动
正确： 地 熟练【地】操作
错误： 的 愉快【地】唱歌
正确： 的 茂密【的】树林
正确： 的 美丽【的】田野
正确： 的 暖暖【的】春风
```

图 2-1 使用二元语言模型检测“的”“地”“得”的使用结果

由结果可见，有一些预测是错误的。因此，只依靠 N-gram 模型进行预测，精度并不高，除非加上词性维度或窗口内其他的词，但这已经超出了 N-gram 模型的能力。

2.2.5 中文分词工具简介

中文自然语言处理发展到现在，已经涌现出许多优秀的中文分词工具，例如 jieba、Hanlp、SnowNLP、THULAC 等。它们大多是开源、免费的，并且其中许多工具都已经发展成为相当全面的、能够完成除分词以外的其他自然语言处理任务的工具。本节将重点介绍 jieba 分词工具。

jieba 分词（官方网站地址为：https://github.com/fxsjy/jieba）是一个优秀的中文分词第三方库，它提供了 Python、Java、C++、Rust、Node.js、Erlang、R 等多平台、多语言支持。要在 Python 中使用 jieba，首先需要通过以下命令进行安装：

```
pip install jieba
```

使用时通过以下语句来引用：

```
import jieba
```

目前的 jieba 版本支持以下四种分词模式。

- 精确模式：该模式试图将句子进行最精确的切分，适合用于文本分析。
- 全模式：该模式会把句子中所有可以成词的词语都扫描出来，速度非常快，但是不能解决歧义问题。
- 搜索引擎模式：该模式在精确模式的基础上对长词再次切分，可提高召回率，适合用于搜索引擎分词。
- paddle 模式：该模式是 jieba v0.40 之后的版本推出的新功能，能够利用百度的 PaddlePaddle——飞桨深度学习框架，训练序列标注（双向 GRU）网络模型实现分词。该模式同时支持词性标注。要使用 paddle 模式，需要首先通过以下命令安装 paddlepaddle-tiny：

```
pip install paddlepaddle-tiny==1.6.1
```

jieba 的分词功能可以通过以下几种方法来调用。

- jieba.cut。该方法接受四个输入参数：需要分词的字符串，cut_all 参数（用来控制是否采用全模式），HMM 参数（用来控制是否使用 HMM 模型），use_paddle 参数（用来控制是否使用 paddle 模式下的分词模式）。
- jieba.cut_for_search。该方法接受两个参数：需要分词的字符串，是否使用 HMM 模型。该方法适用于搜索引擎构建倒排索引的分词，粒度比较细。
- jieba.lcut 和 jieba.lcut_for_search。jieba.cut 和 jieba.cur_for_search 返回的结构都是一个可迭代的 generator，需要配合 for 循环使用来获得分词后得到的

每一个词语。而jieba.lcut和jieba.lcut_for_search直接返回list。

- jieba.Tokenizer(dictionary=DEFAULT_DICT)。该方法用于新建自定义分词器，可以同时使用不同的词典。jieba.dt为默认分词器，所有全局分词相关函数都是该分词器的映射。

使用jieba进行分词的示例代码如下：

```
# encoding=utf-8
import jieba
strs=["我来到北京清华大学","乒乓球拍卖完了","中国科学技术大学"]
seg_list = jieba.cut(strs[0])  # 默认是精确模式
print("【默认是精确模式】" + "/ ".join(seg_list))
seg_list = jieba.cut(strs[1], cut_all=False)
print("【精确模式】" + "/ ".join(seg_list))  # 精确模式
seg_list = jieba.cut(strs[1], cut_all=True)
print("【全模式】" + "/ ".join(seg_list))  # 全模式
seg_list = jieba.cut_for_search("小明硕士毕业于中国科学院计算所，后在日本京都大学深
    造")  # 搜索引擎模式
print("【搜索引擎模式】"+"/ ".join(seg_list))
```

输出结果如下：

```
【默认是精确模式】我/ 来到/ 北京/ 清华大学
【精确模式】乒乓球/ 拍卖/ 完/ 了
【全模式】乒乓/ 乒乓球/ 乒乓球拍/ 球拍/ 拍卖/ 卖完/ 了
【搜索引擎模式】小明/ 硕士/ 毕业/ 于/ 中国/ 科学/ 学院/ 科学院/ 中国科学院/ 计算/ 计
    算所/ ，/ 后/ 在/ 日本/ 京都/ 大学/ 日本京都大学/ 深造
```

paddle模式采用延迟加载方式，需要首先通过enable_paddle接口安装paddlepaddle-tiny，并且导入相关代码。使用paddle模式进行分词的示例代码如下：

```
jieba.enable_paddle()# 启动paddle模式。 0.40版之后开始支持该模式，早期版本不支持
for str in strs:
    seg_list = jieba.cut(str,use_paddle=True) # 使用paddle模式
    print("【paddle模式】" + '/'.join(list(seg_list)))
```

输出结果如下：

```
【paddle模式】我/来到/北京清华大学
【paddle模式】乒乓球/拍卖/完/了
【paddle模式】中国科学技术大学
```

除了可以进行分词之外，jieba还能够完成词性标注、关键词提取等任务，我们将在后面的相关章节进行详细讨论。

2.2.6　实例——使用jieba进行高频词提取

本实例将从1000篇真实的新闻文本中随机选择一篇，使用jieba进行分词，并找出出现次数排名前十的高频词。

实例中的数据由1000个文本文件组成，存储在data文件夹下。另外，实例中用到的停用词表stop_words.utf8也存储在data文件夹下。

步骤1：导入实验所需的库。

```
import glob
import random
import jieba
```

其中，glob模块用于查找符合特定规则的文件路径名。其用法如下：

```
glob.glob(pathname, recursive=False)
```

其中，参数pathname定义了文件路径匹配规则，可以使用绝对路径或相对路径，并接受通配模式的输入。通配符是一些特殊符号，最常用的有星号（*）和问号（?），“*”用于匹配任意个数的符号，“?”用于匹配单个字符。例如，通过设置pathname为“./data/*.txt”，可以匹配当前目录下的data文件夹里所有后缀名为.txt的文件。另外，参数recursive用于设置是否递归地遍历当前目录下的子目录，其默认值为False。

步骤2：定义数据读取函数。

```
def get_content(path):
    with open(path, 'r', encoding='gbk', errors='ignore') as f:
        content = ''
        for l in f:
            l = l.strip()
            content += l
        return content
```

步骤 3：定义高频词统计函数。

```
def get_TF(words, topK=10):
    tf_dic = {}
    for w in words:
        tf_dic[w] = tf_dic.get(w, 0) + 1
    return sorted(tf_dic.items(), key = lambda x: x[1], reverse=True)[:topK]
```

步骤 4：导入停用词表。

```
def stop_words(path):
    with open(path, 'r', encoding='UTF-8') as f:
        return [l.strip() for l in f]
stop_words('./data/stop_words.utf8')
```

步骤 5：分词并提取高频词。

```
files = glob.glob('./data/*.txt')
corpus = [get_content(x) for x in files]
sample_idx = random.randint(0, len(corpus))
split_words = [x for x in jieba.cut(corpus[sample_idx]) if x not in stop_
    words('./data/stop_words.utf8')]
print('样本'+str(sample_idx)+": "+corpus[sample_idx])
print('样本分词效果: '+'/ '.join(split_words))
print('样本的topK(10)词: '+str(get_TF(split_words)))
```

最终得到的结果如图 2-2 所示。

```
样本671：新的研究表明，同一个内心稳定的父亲生活在一起能够帮助减少母亲心理问题带给孩子的负面影响。美国的研究人员发现，同心理有问题的父母生活在一起的儿童与同心理健康的父母生活在一起的儿童相比，会产生更多的行为或情绪方面的问题。然而，根据《儿童与青少年医学档案》中的研究资料，研究人员发现：在只有母亲心理不健康的家庭中，孩子出现问题的概率会大大降低。这意味着如果父亲心理健康，母亲心理有问题不会对孩子的心理健康造成很大影响。各种相关的研究也提出这样的观点：毫无疑问，父母亲都身心健康是孩子心理健康的必要条件，但是父亲的身心健康对孩子的心理健康有着不可忽视的影响。此前，大量的研究都集中在母亲的心理健康对孩子的影响方面，那些研究表明，如果母亲情绪抑郁，那么她的孩子出现抑郁、行为问题和哮喘病的概率会很高。那么父亲是否能够调节这些抑郁的母亲带给孩子的影响呢？为了得到答案，凯恩博士和他的研究小组对822名3-12岁同父母生活在一起的孩子进行了研究分析。研究人员通过让这些父母回答一系列的问题，以测量他们的心理健康水平。比如，是否他们感到绝望、沮丧、没有价值或非常不安等。调查人员发现：如果父母心理都不健康，他们的孩子更容易有行为问题，包括欺骗、撒谎、欺负弱者、容易冲动、具有破坏性。父母心理不健康还会增加孩子出现情绪问题的概率，如过于焦虑、感到沮丧、总是担忧或恐惧。然而，如果孩子生活在只有母亲心理不健康的家庭中，那么他们出现行为和情绪问题的风险会明显降低。凯恩博士解释说，父亲可以通过支持母亲和帮助照料孩子来缓解母亲心理问题带来的负面影响。此外，健康的父亲可以有好的健康基因遗传给孩子。凯恩博士建议：对父亲而言，如果他们的妻子有精神疾病，那么他们应该确保他们的伴侣得到她们需要的关怀，与此同时也要照顾好他们自己的健康。
样本分词效果：新/ 研究/ 表明/ 同一个/ 内心/ 稳定/ 父亲/ 生活/ 一起/ 能够/ 帮助/ 减少/ 母亲/ 心理/ 问题/ 带给/ 孩子/ 负面影响/ 美国/ 研究/ 人员/ 发现/ 心理/ 问题/ 父母/ 生活/ 一起/ 儿童/ 心理健康/ 父母/ 生活/ 一起/ 儿童/ 相比/ 会/ 产生/ 更/ 行为/ 情绪/ 方面/ 问题/ 儿童/ 青少年/ 医学/ 档案/ 中/ 研究/ 资料/ 研究/ 人员/ 发现/ 母亲/ 心理/ 健康/ 家庭/ 中/ 孩子/ 出现/ 问题/ 概率/ 会/ 大大降低/ 意味着/ 父亲/ 心理健康/ 母亲/ 心理/ 问题/ 不会/ 孩子/ 心理健康/ 造成/ 很大/ 影响/ 相关/ 研究/ 提出/ 观点/ 毫无疑问/ 父母亲/ 身心健康/ 孩子/ 心理健康/ 必要条件/ 父亲/ 身心健康/ 孩子/ 心理健康/ 有着/ 不可/ 忽视/ 影响/ 此前/ 大量/ 研究/ 集中/ 母亲/ 心理健康/ 孩子/ 影响/ 方面/ 研究/ 表明/ 母亲/ 情绪/ 抑郁/ 孩子/ 出现/ 抑郁/ 行为/ 问题/ 哮喘病/ 概率/ 会/ 高/ 父亲/ 是否/ 能够/ 调节/ 抑郁/ 母亲/ 带给/ 孩子/ 影响/ 得到/ 答案/ 凯恩/ 博士/ 研究/ 小组/ 822/ 名/ 12/ 岁/ 父母/ 生活/ 一起/ 孩子/ 进行/ 研究/ 分析/ 研究/ 人员/ 父母/ 回答/ 一系列/ 问题/ 测量/ 心理健康/ 水平/ 是否/ 感到/ 绝望/ 沮丧/ 没有/ 价值/ 非常/ 不安/ 调查/ 人员/ 发现/ 父母/ 心理/ 健康/ 孩子/ 更/ 容易/ 行为/ 问题/ 包括/ 欺骗/ 撒谎/ 欺负/ 弱者/ 容易/ 冲动/ 具有/ 破坏性/ 父母/ 心理/ 健康/ 还会/ 增加/ 孩子/ 出现/ 情绪/ 问题/ 概率/ 过于/ 焦虑/ 感到/ 沮丧/ 总是/ 担忧/ 恐惧/ 孩子/ 生活/ 母亲/ 心理/ 健康/ 家庭/ 中/ 出现/ 行为/ 情绪/ 问题/ 风险/ 会/ 明显降低/ 凯恩/ 博士/ 解释/ 说/ 父亲/ 支持/ 母亲/ 帮助/ 照料/ 孩子/ 缓解/ 母亲/ 心理/ 问题/ 带来/ 负面影响/ 健康/ 父亲/ 健康/ 基因/ 遗传/ 孩子/ 凯恩/ 博士/ 建议/ 父亲/ 妻子/ 精神疾病/ 应该/ 确保/ 伴侣/ 得到/ 需要/ 关怀/ 照顾/ 健康
样本的topK (10) 词：[('孩子', 14), ('问题', 11), ('研究', 10), ('母亲', 9), ('心理', 8), ('父亲', 7), ('心理健康', 7), ('健康', 7), ('父母', 6), ('生活', 5)]
```

图 2-2　分词结果与前 10 个高频词

如图 2-2 所示，样本 671 文本中的前 10 个高频词分别为：('孩子', 14)、('问题', 11)、('研究', 10)、('母亲', 9)、('心理', 8)、('父亲', 7)、('心理健康', 7)、('健康', 7)、('父母', 6)、('生活', 5)。

2.3 关键词提取

2.3.1 TF-IDF 算法

TF-IDF 算法于 1988 年由 Salton 和 Buckley 提出，之后被广泛应用于文本分类、聚类等任务中进行特征加权。TF-IDF 算法的基本思想是根据某个词的词频（Term Frequency）和其出现过的文档频（Document Frequency）来计算该词在整个文档集合中的权重。

对于词 w 和文档 d，w 在 d 中的权重由以下公式给出：

$$\begin{aligned}\mathrm{TFIDE}(d,w)&=\mathrm{TF}(d,w)\times\mathrm{IDF}(d,w)\\&=\mathrm{TF}(d,w)\times\log\left(\frac{|D|}{\mathrm{DF}(w)}\right)\end{aligned}\tag{2-10}$$

其中，$\mathrm{TF}(d, w)$ 表示词 w 在文档 d 中出现的频率，$|D|$ 为文档总数，$\mathrm{DF}(d, w)$ 为在所有文档中词 w 出现的频率，IDF（Inverse Document Frequency）为逆文档频率，即 $\log\left(\frac{|D|}{\mathrm{DF}(w)}\right)$。

由式（2-10）可以看出，一个词在一个文档中的出现频率越高，它所占的权重就越大，它对这个文档越重要；而一个词在越多的文档中出现，那么想要通过它锁定某一个文档的可能就越小，也就是说，它对于文档的重要性就越低。事实上，可以从信息论的角度证明，当一个词包含的信息量越多时，它的 TF-IDF 值就越大。相关证明此处不再赘述，感兴趣的读者可以参考吴军博士的《数学之美》一书的第 11 章。总而言之，TF-IDF 具备很强的理论依据，是一种在信息检索、文本分类等研究中有着广泛应用的算法。

2.3.2 TextRank 算法

提到 TextRank 算法，应该首先介绍一下 TextRank 算法的基础——由谷歌公司创始人拉里·佩奇（Larry Page）和谢尔盖·布林（Sergey Brin）提出的 PageRank 算法。PageRank 算法的基本思想类似于生活中的“投票表决”，它假设如果一个网页被很多其他网页链接，说明它受到普遍的承认和信赖，那么它的排名就应该越高，另外，网页排名越高的网站贡献的链接权重也越大。

假设有网页集合 $V=\{v_1, v_2, \cdots, v_n\}$，网页 v_j 指向网页 v_i 的链接用权重 m_{ji} 表示，则网页 v_i 的重要程度由以下公式给出：

$$p(v_i)=\frac{1-d}{n}+d\times\sum_{v_j\in V}m_{ji}\times p(v_j) \tag{2-11}$$

其中，d 为衰减因子，一般取值为 0.85。当 v_j 到 v_i 没有链接时，m_{ji} 取值为 0。另外，式（2-11）还应受到以下条件的约束：

$$\sum_{v_j\in V}m_{ji}=1 \tag{2-12}$$

$$\sum_{v_j\in V}p(v_i)=1 \tag{2-13}$$

式（2-12）要求所有网页的重要性总和为 1，式（2-13）要求每个网页的出度权重总和也为 1。$p(v_i)$ 实际上代表网页 v_i 被用户访问的概率。

TextRank 算法与 PageRank 算法的基本思想是一致的。在 TextRank 算法中，将文档中的词映射为互联网中的网页，将词与词之间的联系映射为网页之间的链接。那么，在互联网中排名越高的网页也就对应着文档中越重要的词，即文档中的关键词。

假设集合 $V=\{v_1, v_2, \cdots, v_n\}$ 表示文档，v_j 表示其中的词，m_{ji} 表示词 v_j 指向词 v_i 的权重，则式（2-11）～（2-13）即转化为对 TextRank 算法的描述。至于词与词之间的联系，可以使用它们在文档中共同出现的频率作为语义相似度的衡量标准。定

义一个包含连续的 k 个词的滑动窗口，滑动窗口每滑动一个词，统计窗口内所有无序词对的出现次数，则词与词之间的联系可由总权重表示：

$$m'_{ij}=\mathrm{co}(v_i, v_j) \tag{2-14}$$

由式（2-12）可知，所有词的权重总和应为 1，故将式（2-14）改写为：

$$m_{ij}=\frac{m'_{ij}}{\sum_{j=1}^{n} m'_{ij}} \tag{2-15}$$

总体来说，TextRank 算法具备以下几个优点：

- 不需要大规模的训练语料库，节省了大量成本。
- 属于无监督学习，因此具有很强的适应性和扩展能力，对文本的主题没有限制。
- 虽然属于矩阵计算，但由于收敛速度快，因此 TextRank 算法的计算速度较快。

2.3.3 实例——提取文本关键词

下面是提取文本关键词的实例。

步骤 1：导入实验所需的库。

```
# -*- coding: utf-8 -*-
import math
import numpy as np
import jieba
import jieba.posseg as psg
from gensim import corpora, models
from jieba import analyse
import functools
```

jieba.posseg 是一个词性标注模块，主要使用其中的 cut 函数进行词性标注的分词方法。functools 模块主要是使用其 cmp_to_key 函数进行数据的比较。

步骤2：定义停用词表加载函数。

```
# 停用词表加载方法
def get_stopword_list():
    # 停用词表存储路径，每一行为一个词，按行读取进行加载
    # 进行编码转换确保匹配准确率
    stop_word_path = './data/stop_words.utf8'
    stopword_list = [sw.replace('\n', '') for sw in open(stop_word_path,
        encoding='utf-8').readlines()]
    return stopword_list
```

步骤3：定义分词函数。

```
# 分词方法，调用jieba接口
def seg_to_list(sentence, pos=False):
    if not pos:
        # 不进行词性标注的分词方法
        seg_list = jieba.cut(sentence)
    else:
        # 进行词性标注的分词方法
        seg_list = psg.cut(sentence)
    return seg_list
```

通过pos参数确定是否采用词性标注的分词方法。

步骤4：定义去除干扰词函数。

```
# 去除干扰词
def word_filter(seg_list, pos=False):
    stopword_list = get_stopword_list()
    filter_list = []
    # 根据pos参数选择是否进行词性过滤
    # 不进行词性过滤，则将词性都标记为n，表示全部保留
    for seg in seg_list:
        if not pos:
            word = seg
            flag = 'n'
        else:
            word = seg.word
            flag = seg.flag
        if not flag.startswith('n'):
            continue
        # 过滤停用词表中的词，以及长度小于2的词
```

```
        if not word in stopword_list and len(word) > 1:
            filter_list.append(word)
    return filter_list
```

根据分词结果对干扰词进行过滤，先根据 pos 参数的值判断是否过滤除名词以外的其他词性，再判断这个词是否在停用词表中，以及长度是否大于 2。

步骤 5：定义数据加载函数。

```
# 数据加载
def load_data(pos=False, corpus_path='./data/corpus.txt'):
    doc_list = []
    for line in open(corpus_path, 'r',encoding='utf-8'):
        content = line.strip()
        seg_list = seg_to_list(content, pos)
        filter_list = word_filter(seg_list, pos)
        doc_list.append(filter_list)
    return doc_list
```

TF-IDF 算法需要基于一个已知的数据集才能对关键字进行提取，所以需要先加载数据集。数据集的文件名为 corpus.txt，存放在 data 文件夹下。可使用前面定义的数据预处理方法，对数据集中的数据进行分词和去除干扰词，将文本变成一个不包含干扰词的词语列表。

步骤 6：定义 IDF 值统计函数。

```
# IDF 值统计方法
def train_idf(doc_list):
    idf_dic = {}
    # 总文档数
    tt_count = len(doc_list)
    # 每个词出现的文档数
    for doc in doc_list:
        for word in set(doc):
            idf_dic[word] = idf_dic.get(word, 0.0) + 1.0
    # 按公式转换为 IDF 值，分母加 1 进行平滑处理
    for k, v in idf_dic.items():
        idf_dic[k] = math.log(tt_count / (1.0 + v))
    # 对于没有在字典中的词，默认其仅在一个文档中出现，得到默认 IDF 值
    default_idf = math.log(tt_count / (1.0))
    return idf_dic, default_idf
```

TF-IDF 的训练主要根据数据集生成对应的 IDF 值字典，后续会直接从字典中读取每个词的 TF-IDF 值。

步骤 7：定义比较函数。

```
#  比较函数，用于 topK 关键词的按值排序
def cmp(e1, e2):
    res = np.sign(e1[1] - e2[1])
    if res != 0:
        return res
    else:
        a = e1[0] + e2[0]
        b = e2[0] + e1[0]
        if a > b:
            return 1
        elif a == b:
            return 0
        else:
            return -1
```

定义比较函数是为了后面对关键词进行排序时比较关键词。

步骤 8：定义 TF-IDF 类。

```
# TF-IDF 类
class TfIdf(object):
    # 四个参数分别是训练好的 IDF 字典、默认 IDF 值、处理后的待提取文本、关键词数量
    def __init__(self, idf_dic, default_idf, word_list, keyword_num):
        self.word_list = word_list
        self.idf_dic, self.default_idf = idf_dic, default_idf
        self.tf_dic = self.get_tf_dic()
        self.keyword_num = keyword_num

    # 统计 TF 值
    def get_tf_dic(self):
        tf_dic = {}
        for word in self.word_list:
            tf_dic[word] = tf_dic.get(word, 0.0) + 1.0
        tt_count = len(self.word_list)
        for k, v in tf_dic.items():
            tf_dic[k] = float(v) / tt_count
        return tf_dic
```

```
    # 按公式计算 TF-IDF 值
    def get_tfidf(self):
        tfidf_dic = {}
        for word in self.word_list:
            idf = self.idf_dic.get(word, self.default_idf)
            tf = self.tf_dic.get(word, 0)
            tfidf = tf * idf
            tfidf_dic[word] = tfidf
        tfidf_dic.items()
        # 根据 TF-IDF 值排序，去排序前 keyword_num 的词作为关键词
        for k, v in sorted(tfidf_dic.items(), key=functools.cmp_to_key(cmp),
            reverse=True)[:self.keyword_num]:
            print(k + "/ ", end='')
        print()
```

TF-IDF 类根据文本计算每个词的 TF 值，并通过前面训练后的 IDF 值字典直接获取每个词的 IDF 值，综合计算每个词的 TF-IDF。TF-IDF 类传入的主要参数包括：

- idf_dic，前面训练好的 IDF 值字典。
- word_list，经过分词并去除干扰词后的文本中的词组成的列表。
- keyword_num，提取关键词的个数。

步骤 9：定义 TF-IDF 提取函数。

```
def tfidf_extract(word_list, pos=False, keyword_num=10):
    doc_list = load_data(pos)
    idf_dic, default_idf = train_idf(doc_list)
    tfidf_model = TfIdf(idf_dic, default_idf, word_list, keyword_num)
    tfidf_model.get_tfidf()
```

步骤 10：定义 TextRank 提取函数。

```
def textrank_extract(text, pos=False, keyword_num=10):
    textrank = analyse.textrank
    keywords = textrank(text, keyword_num)
    # 输出提取的关键词
    for keyword in keywords:
        print(keyword + "/ ", end='')
    print()
```

步骤 11：定义待提取关键词文本。

```
text = '''记者从国家文物局获悉，截至 3 月 15 日，19 个省（区、市）180 多家博物馆在做好疫情
    防控工作的前提下恢复对外开放，其中 19 家为一级博物馆。
        另外，沈阳故宫博物院、新四军江南指挥部纪念馆、金沙遗址博物馆等将于 3 月 17 日陆续恢复
    开放。随着疫情防控形势好转，各地博物馆、纪念馆等陆续恢复开放。记者从各恢复开放博物馆发布
    的公告获悉，各恢复开放博物馆对疫情防控期间参观观众在提前预约、测量体温等提出了明确要求，
    并提醒观众做好个人防护。
        2 月 27 日，国家文物局发布《关于新冠肺炎疫情防控期间有序推进文博单位恢复开放和复工
    的指导意见》强调，有序恢复开放文物、博物馆单位，各文物、博物馆开放单位可采取网上实名预
    约、总量控制、分时分流、语音讲解、数字导览等措施，减少人员聚集。'''
pos = True
seg_list = seg_to_list(text, pos)
filter_list = word_filter(seg_list, pos)
```

步骤 12：使用 TF-IDF 模型提取关键词。

```
print('TF-IDF 模型结果：')
tfidf_extract(filter_list)
```

得到的结果如图 2-3 所示。

```
TF-IDF模型结果：
博物馆/ 疫情/ 纪念馆/ 文物/ 国家文物局/ 有序/ 观众/ 单位/ 金沙/ 语音/
```

图 2-3　TF-IDF 模型提取关键词的结果

步骤 13：使用 TextRank 模型提取关键词。

```
print('TextRank 模型结果：')
textrank_extract(text)
```

得到的结果如图 2-4 所示。

```
TextRank模型结果：
开放/ 博物馆/ 恢复/ 疫情/ 防控/ 单位/ 预约/ 观众/ 措施/ 导览/
```

图 2-4　TextRank 模型提取关键词的结果

本实例将 pos 设置为 True，表明使用了词性标注的分词方法，读者可以将 pos 设置为 False，观察关键词提取的结果。还可以尝试使用其他的语料库训练模型，对比结果。

2.4 词性标注

2.4.1 词性标注简介

词性标注，就是根据句子中的上下文信息给句子中的每个词标注一个最合适的词性标记。词性标注的准确与否会直接影响自然语言处理系统中后续的句法分析、语义分析。与中文分词任务类似，汉语里普遍出现的歧义现象也为词性标注任务带来了挑战。常见的词性标注算法包括隐马尔可夫模型、条件随机场等。

如前文所述，jieba 除了可以完成分词任务之外，也可以用于处理词性标注任务。使用 jieba 进行词性标注，需要首先导入 jieba.posseg 模块。使用 jieba 默认模式完成词性标注的示例代码如下：

```
import jieba
import jieba.posseg as pseg
words = pseg.cut("我爱北京天安门") #jieba 默认模式
print("【默认模式】")
for word, flag in words:
    print('%s %s' % (word, flag))
```

使用默认模式进行词性标注的输出结果为：

```
【默认模式】
我 r
爱 v
北京 ns
天安门 ns
```

与分词类似，jieba v0.40 之后的版本也支持使用飞桨深度学习框架来完成词性标注。paddle 模式中的词性和专名类别标签集合如表 2-1 所示，其中包括 24 个由小写字母代表的词性标签和 4 个由大写字母代表的专名类别标签。

paddle 模式采用延迟加载方式，需要首先通过 enable_paddle 接口安装 paddlepaddle-tiny，并且导入相关代码。使用 paddle 模式进行词性标注的示例代码如下：

```
jieba.enable_paddle() #启动 paddle 模式。0.40 版之后的版本支持，早期版本不支持
words = pseg.cut("我爱北京天安门",use_paddle=True) #paddle 模式
```

```
print("【paddle模式】")
for word, flag in words:
    print('%s %s' % (word, flag))
```

表 2-1 paddle模式词性标注标签集合

标 签	含 义	标 签	含 义	标 签	含 义	标 签	含 义
n	普通名词	f	方位名词	s	处所名词	t	时间
nr	人名	ns	地名	nt	机构名	nw	作品名
nz	其他专名	v	普通动词	vd	动副词	vn	名动词
a	形容词	ad	副形词	an	名形词	d	副词
m	数量词	q	量词	r	代词	p	介词
c	连词	u	助词	xc	其他虚词	w	标点符号
PER	人名	LOC	地名	ORG	机构名	TIME	时间

使用paddle模式进行词性标注的输出结果为：

```
【paddle模式】
我 r
爱 v
北京 LOC
天安门 LOC
```

2.4.2 隐马尔可夫模型

隐马尔可夫模型（Hidden Markov Model，HMM）在处理序列分类时具有强大的功能，常被用于解决词性标注、语音识别、句子切分、字素音位转换、局部句法剖析、语块分析、命名实体识别、信息抽取等问题。此外，它还广泛用于自然科学、工程技术、生物科技、公用事业、信道编码等多个领域。

隐马尔可夫模型是马尔可夫链的一种，它的状态不能被直接观察到，但能通过观测向量序列观察到，每个观测向量都通过某些概率密度分布表现为各种状态，每一个观测向量由一个具有相应概率密度分布的状态序列产生。所以，隐马尔可夫模型是一个双重随机过程。简言之，隐马尔可夫模型就是一组有限的状态，除终止状态以外，其中的某一个状态都可以以一定的概率转移到其他状态，并在转移时产生输出，而能够产生的输出也是有限的，并且输出也以一定的概率产生。

隐马尔可夫模型的形式化描述可由一个五元组 HMM=$<S, O, \boldsymbol{A}, \boldsymbol{B}, \pi>$ 表示，如图 2-5 所示，它由以下五个部分组成。

- 模型中状态的数目 N。在实际应用中，虽然状态是隐藏的，但模型的每一个状态都与特定的物理意义相联系，这些状态之间也是相互联系的，并且可以从一种状态转移到其他状态。记所有独立的状态定义为 $S = \{S_1, S_2, \cdots, S_N\}$，用 q_t 表示 t 时刻的状态。
- 每个状态可能输出的不同观察值的数目 M。观察值对应于模型系统的实际输出，记这些观察值为 $W = \{w_1, w_2, \cdots, w_M\}$。
- 状态转移概率矩阵 $\boldsymbol{A} = \{a_{ij}\}$。其中 $a_{ij} = P(q_{t+1} = S_j \mid q_t = S_i)$，$1 \leqslant i, j \leqslant N$。$a_{ij}$ 表示从状态 i 转移到状态 j 的概率，a_{ij} 应满足：$a_{ij} \geqslant 0, \forall i, j$ 且 $\sum_j a_{ij} = 1, \forall i$。
- 输出观察值概率分布矩阵 $\boldsymbol{B} = \{b_j(k)\}$。其中 $b_j(k)$ 表示在 S_j 状态下 t 时刻出现 w_k 的概率，$b_j(k)$ 满足：$b_j(k) \geqslant 0, \forall j, k$ 且 $\sum_k b_j(k) = 1, \forall j$。
- 初始状态分布 $\pi = \{\pi_i\}$，其中 $\pi_i = P(q_1 = S_i), 1 \leqslant i \leqslant N$，即在 $t = 1$ 时刻处于状态 S_i 的概率。π_i 满足：$\sum_i \pi_i = 1$。

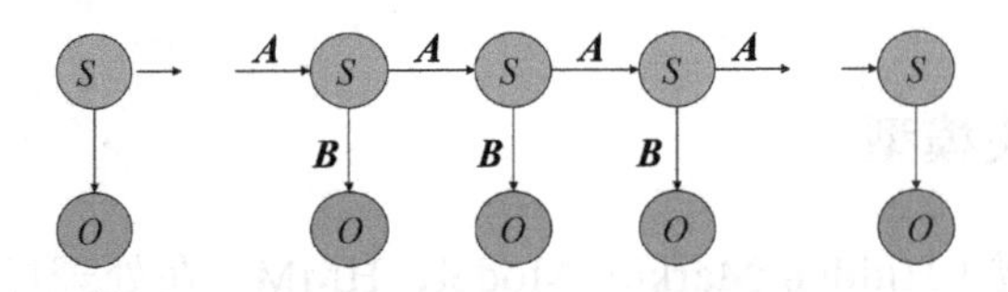

图 2-5　隐马尔可夫模型

拉宾纳（Rabiner）给出了关于隐马尔可夫模型思想的三个问题的描述。

- 似然度问题：给定一个隐马尔可夫模型 $\lambda = (\boldsymbol{A}, \boldsymbol{B})$ 和一个观察序列 O，确定观察序列的似然度问题 $P(O \mid \lambda)$。
- 解码问题：给定一个观察序列 O 和一个隐马尔可夫模型 $\lambda = (\boldsymbol{A}, \boldsymbol{B})$，找出最好的隐藏状态序列 Q。
- 学习问题：给定一个观察序列 O 和一个隐马尔可夫模型中的状态集合，自动学习隐马尔可夫模型的参数 $\boldsymbol{A}$ 和 $\boldsymbol{B}$。

综上所述，如果给出适当的 N、M、$\boldsymbol{A}$、$\boldsymbol{B}$、π 的值，利用隐马尔可夫模型即可产生一个观察值序列 $O = O_1\ O_2 \cdots O_T$，其中每个 O_t 都是 W 中的一个值，T 是产生的这一观察序列中观察值的个数。于是产生观察值序列的过程如下：

① 根据初始状态分布 π 选择一个 $q_1 = S_i$。

② 设置 $t = 1$。

③ 根据在状态 S_i 下的观察值概率分布 $b_i(k)$ 选出 $O_t = w_k$。

④ 根据状态 S_i 下的状态转移概率 a_{ij}，转移到新的状态 $q_{t+1} = S_j$。

⑤ 令 $t = t + 1$，若 $t < T$ 则返回步骤③，否则结束。

2.4.3 Viterbi 算法

维特比（Viterbi）算法由美籍意大利裔科学家 Andrew Viterbi 提出，是一种动态规划算法。它用于寻找最有可能产生观测事件序列的隐含状态序列，也就是用于解决前面提到的隐马尔可夫模型的第二个基本问题——解码问题。Viterbi 算法被广泛应用于所有对使用隐含马尔可夫模型描述的问题进行解码的任务，包括数字通信、语音识别、机器翻译、拼音转汉字、分词等。

假设给定模型 λ，输出观察值序列 $O = O_1\ O_2 \cdots O_T$ 的条件下，得到一组状态序列 $Q = q_1\ q_2 \cdots q_T$ 的概率为 $P(Q \mid O, \lambda)$，由贝叶斯公式可知：

$$\begin{aligned} P(Q \mid O, \lambda) &= \frac{P(O, Q \mid \lambda)}{P(O \mid \lambda)} \\ &= \frac{P(O \mid Q, \lambda) P(Q \mid \lambda)}{\sum_{all\ Q} P(O \mid Q, \lambda) P(Q \mid \lambda)} \end{aligned} \tag{2-16}$$

而

$$P(O \mid Q, \lambda) = \prod_{t=1}^{T} P(Q_t \mid q_t, \lambda) = b_{q_1}(O_1) \cdot b_{q_2}(O_2) \cdots \cdot b_{q_T}(O_T) \tag{2-17}$$

$$P(O \mid \lambda) = \pi_{q_1} a_{q_1 q_2} a_{q_2 q_3} \cdots a_{q_{T-1} q_T} \tag{2-18}$$

由此可求出给定观察值序列的任意状态序列的概率。Viterbi 算法即是采用动态规划的思想来求出其中的最大概率。定义 $\delta_t(i) = \max_{q_1, q_2, \cdots, q_{t-1}} P(q_1\ q_2 \cdots q_t = i \mid O_1\ O_2 \cdots O_t, \lambda)$，归纳后得到局部最优函数：

$$\delta_{t+1}(j) = [\max_{j} \delta_t(i)\ a_{ij}] \cdot b_j(O_{t+1}) \tag{2-19}$$

要找出最好的隐藏状态序列 Q，就要对每一个时刻 t 和状态 j 求得局部最优解。定义数组 $\Psi_t(j)$ 作为算法的回退指针，Viterbi 算法的步骤如下。

① 计算初始局部最优函数：

$$\delta_1(i) = \pi_i b_i(O_1),\ 1 \leqslant i \leqslant N$$

$$\psi_1(i) = 0$$

② 局部最优函数的递归公式：

$$\delta_t(j) = \max_{1 \leqslant i \leqslant N} [\delta_{t-1}(i)\ a_{ij}] \cdot b_j(O_t),\ 2 \leqslant t \leqslant T,\ 1 \leqslant j \leqslant N$$

$$\psi_t(j) = \underset{1 \leqslant i \leqslant N}{\operatorname{argmax}} [\delta_{t-1}(i)\ a_{ij}],\ 2 \leqslant t \leqslant T,\ 1 \leqslant j \leqslant N$$

③ 计算最后一个观察值的最佳状态：

$$P^* = \max_{1 \leqslant i \leqslant N} [\delta_T(i)]$$

$$q_T^* = \underset{1 \leqslant i \leqslant N}{\operatorname{argmax}} [\delta_T(i)]$$

④ 回推之前观察值的最佳状态：

$$q_T^* = \psi_{t+1}(q_{t+1}^*),\ t = T-1, T-2, \cdots, 1$$

由此，根据回退指针 $\psi_t(j)$，即可从当前最佳状态 q_{t+1}^* 求得前一个观察值的最佳状态 q_t^*。

2.4.4 最大熵模型

熵（Entropy）最初是物理学中的一个概念，用于描述体系的混乱程度，后来逐渐被应用于不同的领域，并被 Shannon 用于估计在信道上传输数据之前可以被压缩的数据量，即用于信息的度量，从而奠定了现代信息论的科学理论基础，促进了信息论的发展。

最大熵（Maximum Entropy）原理的基本思想是在学习概率模型时，所有可能的模型中熵最大的模型是最好的模型，若概率模型需要满足一些约束，则在满足已知约束的条件集合中选择熵最大模型。换言之，给定一个经验概率分布 $\tilde{p}$，要构造一个尽可能与 $\tilde{p}$ 接近的概率分布模型 p，我们选择一种使熵最大的概率分布模型 p。

引入特征函数 f，特征函数一般为二值函数，即满足 $f(x, y) \to \{0, 1\}$，特征函数 f_i 相对于经验概率分布 $\tilde{p}(x, y)$ 的期望为：

$$E_{\tilde{p}} f_i = \sum_{x, y} \tilde{p}(x, y) f_i(x, y) \tag{2-20}$$

特征函数 f_i 相对于模型 $p(x \mid y)$ 的期望为：

$$E_p f_i = \sum_{x, y} \tilde{p}(y) p(x \mid y) f_i(x, y) \tag{2-21}$$

当样本足够多时，可信度高的特征经验概率与期望概率是一致的，即：

$$E_p f_i = E_{\tilde{p}} f_i \tag{2-22}$$

式（2-22）称为约束。特征函数可以灵活地将许多分散、零碎的知识组合起来完成同一个任务。给定 t 个特征函数 $f_1, f_2, \cdots, f_t$，就可以得到所求概率分布的 t 组约束。最大熵模型的求解问题就转化为一组约束条件的最优化问题：

$$P = \{p \mid E_p f_i = E_{\tilde{p}} f_i, i = 1, 2, \cdots, t\}$$

$$p^* = \underset{p \in P}{\operatorname{argmax}} H(p) \tag{2-23}$$

令

$$\Lambda(p, \lambda) = H(p) + \sum_i \lambda_i (p(f_i) - \tilde{p}(f_i)) \tag{2-24}$$

当向量 λ 为固定值时，有：

$$p_\lambda \equiv \operatorname{argmax}\Lambda(p, \lambda) \tag{2-25}$$

令 $\psi(\lambda) \equiv \Lambda(p, \lambda)$，$p_\lambda$ 为 $\dfrac{\partial\Lambda(p,\lambda)}{\partial p}=0$ 的解。对式（2-24）进行代入、求导和变换，可得：

$$p_\lambda(y\,|\,x)=\frac{1}{Z_\lambda(x)}\exp\left(\sum_i \lambda_i f_i(x, y)\right) \tag{2-26}$$

其中 $Z_\lambda(x) \equiv \sum_y \exp(\sum\lambda_i f_i(x, y))$，且有：

$$\psi(\lambda)=-\sum_x \tilde{p}(x)\log Z_\lambda(x)+\sum_i \lambda_i \tilde{p}(f_i) \tag{2-27}$$

则 $\psi(\lambda)$ 的最大值可由以下公式求出：

$$\lambda^* = \underset{\lambda}{\operatorname{argmax}}\,\psi(\lambda),\ p^* = p_{\lambda^*} \tag{2-28}$$

式（2-28）没有解析解，可以使用 IIS（Improved Iterative Scaling）、GIS（Generalized Iterative Scaling）算法求解，具体的算法此处不再赘述，感兴趣的读者可以查阅相关文献。

2.5　命名实体识别

2.5.1　命名实体识别简介

命名实体识别（Named Entity Recognition，NER）是指识别文本中具有特定意义的实体。需要识别的实体可以分为三大类（实体类、时间类和数字类）、七小类（人名、机构名、地名、时间、日期、货币和百分比）。命名实体识别任务通常包括两部分：

- 实体边界识别。
- 确定实体类别（人名、地名、机构名或其他）。

命名实体识别被广泛应用于关系抽取、事件抽取、问答系统、知识图谱，以及其他自然语言处理任务中。命名实体识别的解决方案包括基于规则的方法，以及隐马尔可夫模型、最大熵马尔可夫模型、条件随机场模型等基于机器学习的方法。另外，随着有关深度学习的研究不断发展，注意力模型、迁移学习、半监督学习等方法也被广泛应用于命名实体识别任务中。

2.5.2 条件随机场模型

条件随机场模型是指在给定一组输入随机变量的条件下，计算另一组输出随机变量的条件概率分布模型，其特点是输出的随机变量能够构成马尔可夫链。条件随机场模型于2001年由Lafferty等人提出，它结合了最大熵模型和隐马尔可夫模型的特点，也是一种用于解决序列标注问题的统计模型，在分词、词性标注和命名实体识别等自然语言处理任务中获得了很好的效果。

条件随机场的形式化描述如下：假设 X 和 Y 为随机变量，在 X 已知的情况下，计算 Y 的条件概率分布 $P(Y \mid X)$，如果随机变量 Y 构成的是一个马尔可夫链，则称条件概率分布 $P(Y \mid X)$ 是条件随机场。在条件随机场的定义中，并不要求 X 和 Y 具有相同的结构形式，而在现实中一般假设 X 和 Y 具有相同的图结构，即构成线性链条件随机场，如图2-6所示。

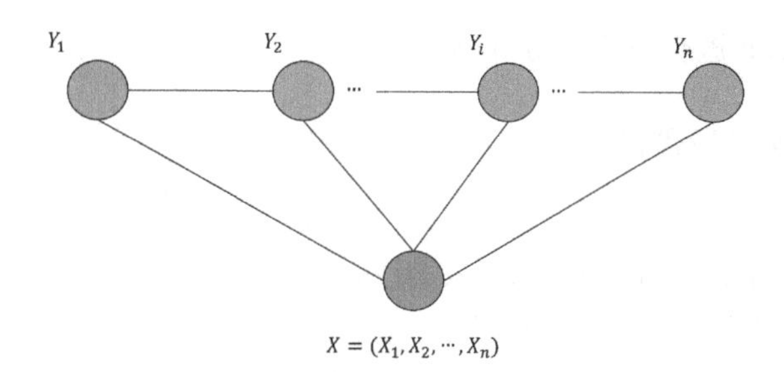

图2-6 线性链条件随机场

在条件随机场模型中，已知观测序列 $x_1^n = (x_1, x_2, \cdots, x_n)$，线性链条件随机场把与观测序列对应的状态序列 $y_1^n = (y_1, y_2, \cdots, y_n)$ 的条件概率分布表示为：

$$p(y \mid x)=\frac{1}{z_0}\exp\sum_{i=1}^{n}\sum_{j=1}^{m}\lambda_j f_j(y_{i-1}, y_i, o, i) \tag{2-29}$$

$$z_0=\sum_{y}\exp\sum_{i=1}^{n}\sum_{j=1}^{m}\lambda_j f_j(y_{i-1}, y_i, o, i) \tag{2-30}$$

其中，z_0 为标准化因子，f_j 表示特征向量函数，λ_j 为特征权重。

对条件随机场模型进行极大似然估计，在已知训练集的前提下，可得经验分布 $p(x, y)$，则训练数据的对数似然函数为：

$$L_p=\log\left(\prod_{x, y} p_w(y \mid x)^{p(x, y)}\right) \tag{2-31}$$

对式（2-31）中的目标函数求解其最大值，可得最优的权重值，从而得出条件随机场模型。序列标注问题中涉及的特征函数维度较高，往往需要对特征进行降维操作。

条件随机场的预测问题即已知条件随机场 $P(Y|X)$ 和输入序列 x，求条件概率最大的输出序列，也就是标注序列 y^*。条件随机场的预测问题可使用 Viterbi 算法进行求解，有关 Viterbi 算法的介绍已在 2.4.3 节中给出，此处不再赘述。

2.5.3 实例——使用 jieba 进行日期识别

下面是使用 jieba 进行日期识别的实例。

步骤 1：导入实验所需的库。

```
import re
from datetime import datetime,timedelta
from dateutil.parser import parse
import jieba.posseg as psg
```

导入 jieba.posseg 模块，用来进行词性标注。

步骤 2：定义时间转换模板。

```
UTIL_CN_NUM = {
    '零': 0, '一': 1, '二': 2, '两': 2, '三': 3, '四': 4,
    '五': 5, '六': 6, '七': 7, '八': 8, '九': 9,
    '0': 0, '1': 1, '2': 2, '3': 3, '4': 4,
    '5': 5, '6': 6, '7': 7, '8': 8, '9': 9
}
UTIL_CN_UNIT = {'十': 10, '百': 100, '千': 1000, '万': 10000}
```

定义模板，确定中文数字和英文数字的对应关系，以供查询。

步骤3：定义将中文数字转换为阿拉伯数字的函数。

```
def cn2dig(src):
    if src == "":
        return None
    m = re.match("\d+", src)
    if m:
        return int(m.group(0))
    rsl = 0
    unit = 1
    for item in src[::-1]:
        if item in UTIL_CN_UNIT.keys():
            unit = UTIL_CN_UNIT[item]
        elif item in UTIL_CN_NUM.keys():
            num = UTIL_CN_NUM[item]
            rsl += num * unit
        else:
            return None
    if rsl < unit:
        rsl += unit
    return rsl
```

之前的模板预先将常见的中文数字与对应的阿拉伯数字建立了对应关系，然后可通过匹配将中文数字转换成阿拉伯数字。

步骤4：定义转换时间函数。

```
def parse_datetime(msg):
    if msg is None or len(msg) == 0:
        return None
    try:
        dt = parse(msg, fuzzy=True)
```

```
        return dt.strftime('%Y-%m-%d %H:%M:%S')
    except Exception as e:
        m = re.match(r"([0-9零一二两三四五六七八九十]+年)?([0-9一二两三四五六七八
            九十]+月)?([0-9一二两三四五六七八九十]+[号日])?([上中下午晚早]+)?
            ([0-9零一二两三四五六七八九十百]+[点:\.时])?([0-9零一二三四五六七八九
            十百]+分?)?([0-9零一二三四五六七八九十百]+秒)?", msg)
        if m.group(0) is not None:
            res = {
                "year": m.group(1),
                "month": m.group(2),
                "day": m.group(3),
                "hour": m.group(5) if m.group(5) is not None else '00',
                "minute": m.group(6) if m.group(6) is not None else '00',
                "second": m.group(7) if m.group(7) is not None else '00',
            }
            params = {}
            for name in res:
                if res[name] is not None and len(res[name]) != 0:
                    tmp = None
                    if name == 'year':
                        tmp = year2dig(res[name][:-1])
                    else:
                        tmp = cn2dig(res[name][:-1])
                    if tmp is not None:
                        params[name] = int(tmp)
            target_date = datetime.today().replace(**params)
            is_pm = m.group(4)
            if is_pm is not None:
                if is_pm == u'下午' or is_pm == u'晚上' or is_pm =='中午':
                    hour = target_date.time().hour
                    if hour < 12:
                        target_date = target_date.replace(hour=hour + 12)
            return target_date.strftime('%Y-%m-%d %H:%M:%S')
        else:
            return None
```

parse_datetime 函数用于将每个提取到的文本日期串进行时间转换，主要通过正则表达式进行切割。

步骤 5：定义测试时间有效性的函数。

```
def check_time_valid(word):
    m = re.match("\d+$", word)
```

```
    if m:
        if len(word) <= 6:
            return None
    word1 = re.sub('[号|日]\d+$', '日', word)
    if word1 != word:
        return check_time_valid(word1)
    else:
        return word1
```

check_time_valid 函数用于对提取的拼接日期串进行进一步处理，判断其有效性。

步骤 6：定义提取时间函数。

```
def time_extract(text):

    time_res = []
    word = ''
    keyDate = {'今天': 0, '明天':1, '后天': 2}
    for k, v in psg.cut(text):
        if k in keyDate:
            if word != '':
                time_res.append(word)
            word = str((datetime.today() + timedelta(days=keyDate.get(k, 0))))
        elif word != '':
            if v in ['m', 't']:
                word = word + k
            else:
                time_res.append(word)
                word = ''
        elif v in ['m', 't']:
            word = k
    if word != '':
        time_res.append(word)
    result = list(filter(lambda x: x is not None, [check_time_valid(w) for w
        in time_res]))
    final_res = [parse_datetime(w) for w in result]
    return [x for x in final_res if x is not None]
```

首先通过 jieba 分词将带有时间信息的词进行切分，然后记录连续时间信息。这里需要用到 jieba 的词性标注功能，提取其中的“m”（数字）和“t”（时间）词性的词。提取出所有能表示日期时间的词后，对上下文进行拼接。

步骤 7：使用实际文本测试日期提取功能。

```
text1 = '我要住到明天下午三点'
print(text1, time_extract(text1), sep=':')
text2 = '预定 28 号的房间'
print(text2, time_extract(text2), sep=':')
text3 = '我要从 26 号下午 4 点住到 11 月 2 号'
print(text3, time_extract(text3), sep=':')
text4 = '我要预订今天到 30 日的房间'
print(text4, time_extract(text4), sep=':')
text5 = '今天是 30 号呵呵'
print(text5, time_extract(text5), sep=':')
```

得到的结果如图 2-7 所示。

```
我要住到明天下午三点:['2020-03-29 13:58:13']
预定28号的房间:['2020-03-28 00:00:00']
我要从26号下午4点住到11月2号:['2020-03-26 16:00:00', '2020-11-02 00:00:00']
我要预订今天到30日的房间:['2020-03-28 13:58:13', '2020-03-30 00:00:00']
今天是30号呵呵:['2020-03-28 13:58:13', '2020-03-30 00:00:00']
```

图 2-7　日期时间识别结果

运行本程序实例的日期为 2020 年 3 月 28 日。由结果可见，程序可以识别并提取出“今天”“明天”“今年”等表示时间的词汇，并将其换算成具体的时间。

2.6　本章小结

词是能够被独立运用的最小的语言单位，因此，词法分析是其他一切自然语言处理问题的基础，会对后续问题产生深刻的影响。本章介绍了词法分析的基本概念、词法分析中的几个子任务，包括分词、关键词提取、词性标注和命名实体识别，以及解决这些子任务的一些典型算法，并通过实例介绍了如何使用 jieba 分词等词法分析工具来完成词法分析任务。

2.7　习题

一、填空题

1. 最大匹配分词寻找最优组合的方式是将匹配到的________组合在一起。

2. 实现基于 HMM 的词性标注方法时，模型的________是其中的关键问题。

二、选择题

1. 以下不属于中文分词算法的是（　　）。

A. 基于词典　　B. 基于知识　　C. 基于统计　　D. 基于规则

2. 最大熵模型的优点是（　　）。

A. 结构自由　　B. 通用性好　　C. 时间复杂度低　　D. 开销小

三、简答题

1. 简述 jieba 的三种分词模式。

2. 简述条件随机场的优缺点。

CHAPTER 3

第3章 句法分析

句法分析的目标是分析输入的句子并得到其句法结构，是自然语言处理领域的经典任务之一。许多自然语言处理任务，如机器翻译、信息获取、自动文摘等都要依赖句法分析的精确结果才能获得满意的解决方案。另外，语言是思维的载体，对自然语言句法分析的研究有助于了解人类思维的本质，因此具有重要的理论和实用价值及深刻的哲学意义。

本章将介绍句法分析的基本概念和典型算法，并介绍几种常用的中文句法分析工具。在3.6节中，还将通过一个实例来说明如何进行基于PCFG算法的句法分析。

3.1 什么是句法分析

所谓句法分析，就是根据给定的文法自动识别句子所包含的句法单位以及这些句法单位之间的关系。常见的句法分析形式包括成分句法分析和依存句法分析。成分句法分析旨在发现句子中的短语及短语之间的层次组合结构，而依存句法分析旨在发现句中单词之间的二元依存关系。句法分析结果的表达形式一般是层次分明、主从分明、联系类型明确的句法树。例如，句子“青岛优化资本结构促进企业规模扩大”的句法分析结果可以表示为：

```
( (IP-HLN (NP-PN-SBJ (NR 青岛 ))
     (VP (VP (VV 优化 )
          (NP-OBJ (NN 资本 )
               (NN 结构 )))
          (VP (VV 促进 )
          (NP-OBJ (NP (NN 企业 )
                   (NN 规模 ))
               (NP (NN 扩大 )))))))
```

句法分析任务面临的主要困难包括以下两点：

- 歧义。自然语言区别于人工语言的一个显著特点就是它存在大量的歧义现象。人类可以依靠大量的先验知识有效地消除各种歧义现象，而机器由于在知识表示和知识获取方面的不足还难以像人类那样进行句法分析。
- 搜索空间巨大。与一般的分类问题相比，句法分析是一个更加复杂的问题。因为分类问题只需要在预先指定好的数目确定的若干种类型中做出一个选择就可以了，而在进行句法分析时，不同的句子会有不同的候选分析树。给定一个长度为 n 个词的句子，其可能的候选句法分析树的个数多达 n 的指数级。因此在设计句法分析模型时不仅要加强模型消除歧义的能力，还必须控制好模型的复杂度，从而保证解码器能够在可接受的时间内搜索到最优的句法分析树。

与第2章中介绍的词法分析类似，句法分析技术的研究方法分为两种：基于规则的方法和基于统计的方法。

1. 基于规则的方法

基于规则的方法也叫作理性主义（Rationalism）方法，它以语言学理论为基础。这种方法一般要依靠文法学家手工编写一套文法和辞典。辞典中指明了每个词可以充当怎样的句法角色以及可以和哪些词搭配使用。理性主义方法曾经是句法分析的主要方法，它强调语言学家对语言现象的认识，采用非歧义的规则形式描述、解释歧义行为或歧义特性。由美国微软公司开发的 NLPWin 是一个非常有代表性的基于规则的大型系统，它能够处理包括中文在内的七种自然语言。基于规则方法优点在于：可以最大限度地接近自然语言的句法习惯，能被语言学家快速掌握；表达方式灵活多样，可以最大限度地表达研究人员的思想。但是，对于一个面向大规模真实文本的系统，获取能够概括自然语言各种纷繁复杂现象的规则集是非常困难的，需要语言学家大量的手工劳动。

2. 基于统计的方法

20 世纪 90 年代初，自然语言处理的任务开始从小规模受限语言处理走向大规模真实文本处理。随着大规模标注树库的建立，基于树库的统计句法分析逐渐成为现代句法分析的主流技术。构建统计句法分析模型的目的是以概率的形式评价若干个可能的句法分析结果（通常表示为语法树形式）并在这若干个可能的分析结果中直接选择一个最可能的结果。基于统计的句法分析模型实际上是一个评价句法分析结果的概率评价函数，即对于任意一个输入句子 s 和它的句法分析结果 t，给出一个条件概率 $P(t \mid s)$，并由此找出该句法分析模型认为的概率最大的句法分析结果，即找到 $\tilde{t} = \text{argmax } P(t \mid s)$，句法分析问题的样本空间为 $S \times T$（其中 S 为所有句子的集合，T 为所有句法分析结果的集合）。

本章将主要介绍基于统计的句法分析方法。

3.2 句法分析树库及性能评测

3.2.1 句法分析语料库

统计句法分析模型的训练可以采用监督学习的方式，也可以采用无监督学习的方式。无监督学习一般只需要给定一套文法和若干个没有任何句法标记的句子就可以自动估计出模型的所有参数。监督学习通常需要从一个树库中获取句法分析模型的各种参数和句法知识。所谓树库，就是指对句子中的句法成分进行划分和标注的语料，从中可以提取出大量有用的句法分布信息。不管是监督学习，还是无监督学习，都需要树库去测试其句法分析的精度，因此，树库的建设对于统计句法分析器的开发与研究有着基础性作用。

1961年，世界上第一个大规模电子语料库——布朗语料库的出现标志着语料库语言学的诞生。英语的树库研究起步较早，发展也很快。其中两个比较大的工程项目是英国的Lancaster-Leeds树库项目和美国宾夕法尼亚大学的Penn Treebank项目。1984～1988年的5年间，英国Lancaster大学的UCREL研究小组共加工产生了200多万个词的树库语料。Penn Treebank是宾夕法尼亚大学在新闻语料上标注的英文句法分析树库，其前身为ATIS和华尔街日报（Wall Street Journal）树库。它的第1版出现于1991年，第2版（即Penn Treebank）出现于1994年。Penn Treebank除文法标注外，还标注了部分语义信息。从第1版到现在，Penn Treebank一直都在不断地被维护和修正，其标注规模已接近5万个句子、100万个单词。Penn Treebank具有较高的一致性和标注准确性，是目前研究英文句法分析公认的标注语料库。

中文树库的建设较晚，比较著名的有中文宾州树库（Chinese TreeBank）、清华大学中文树库（Tsinghua Chinese Treebank）、北京大学计算语言所的《人民日报》语料、哈尔滨工业大学机器翻译研究室树库等。Chinese TreeBank（CTB）是宾夕法尼亚大学从1998年开始标注的汉语句法树库。语料来源于中国的媒体新闻信息。自2000年发布CTB 1.0以来，已多次对语料进行了更正和添加，最新版本为CTB 9.0。该版本包含3726篇文章，由132 076个句子构成，共2 084 387个词。目前，绝大多数的中文句法分析研究均以CTB为基准语料库。Tsinghua Chinese TreeBank（TCT）是清华大学计算机系智能技术与系统国家重点实验室人员从汉语平衡语料库中提取出100万个汉字规模的语料文本，经过自动句法分析和人工校对形成的标注有完整的句法结构树的高质量中文句法树库语料。

不同的树库有着不同的标记体系，使用时要注意树库的句法分析器和标记体系不能混用。例如，表3-1和表3-2分别为清华树库的句法功能标记集和句法结构标记集。

表 3-1 TCT 汉语句法功能标记集（部分）

序 号	标记代码	标记名称及其实例
1	np	名词短语，例如：我们买的 漂亮的帽子
2	tp	时间短语，例如：战争初期 周末晚上
3	sp	处所短语，例如：村子里 中国内地
4	vp	动词短语，例如：给他一本书 去看电影
5	ap	形容词短语，例如：特别安静 好一些
6	bp	区别词短语，例如：大型 中型 小型
7	dp	副词短语，例如：虚心地 非常非常
8	pp	介词短语，例如：在北京 被他的老师
9	mbar	数词准短语，例如：一千三百
10	mp	数量短语，例如：三个 这群 一大批
11	dj	单句句型，例如：她态度和蔼 那时候，天气还很冷

表 3-2 TCT 汉语句法结构标记集（部分）

序 号	标记代码	标记名称及其实例
1	ZW	主谓结构，例如：我们买
2	PO	述宾结构，例如：看电影
3	SB	述补结构，例如：做完
4	DZ	定中结构，例如：他的学生
5	ZZ	状中结构，例如：特别安静
6	LH	联合结构，例如：老师和学生
7	LW	连谓结构，例如：去看电影
8	AD	附加结构，例如：虚心地
9	CD	重叠结构，例如：高兴高兴
10	JY	兼语结构，例如：请他参加会议
11	JB	介宾结构，例如：在北京
12	FW	方位结构，例如：村子里，几天前
13	KS	框式结构，例如：除这些人以外
14	BH	标号结构，例如：《鲁迅全集》
15	SX	顺序结构，例如：从北京到天津
16	XX	缺省结构，用来标注不需要分析或没有内部结构的情况

3.2.2 句法分析模型的性能评测

句法分析模型的性能评测是句法分析研究的重要内容，它决定句法分析模型的选择和优化效果。语料库语言学出现以后，对句法分析模型的评价通常都是基于某一语料库进行的，即从语料库中选取一部分句子，将语料库标注的结果与句法分析系统标注的结果进行对比。基于语料库的方法的优点是语料库的建设在统一的标注体系下进行，标注的句子具有较高的一致性，在此基础上的评测也具有较高的一致性。若语料库规模较大，则可以进行较大规模的评测，且评测具有较强的客观性和可比性。

目前使用比较广泛的句法分析性能评测方法是PARSEVAL评测体系，它是一种粒度适中、较为理想的评测方法，主要指标有准确率（P）、召回率（R）、综合指标（F）及交叉括号数（C），其具体定义如下：

- 精确率（P）——用来衡量句法分析系统所分析的所有成分中正确成分的比例。
- 召回率（R）——用来衡量句法分析系统所分析出的所有正确成分在实际成分中的比例。
- 综合指标（F）——由以下公式计算得出：

$$F = \frac{2PR}{P+R} \tag{3-1}$$

- 交叉括号数（C）——一棵树中与其他树的成分边界交叉的成分数目的平均数。

3.3 概率上下文无关文法

自20世纪90年代以来，随着语料资源的获取变得越来越容易，基于统计的方法在自然语言处理领域成为主流。这种方法采用统计学的处理技术从大规模语料库中获取语言分析所需要的识，放弃人工干预，减少对语言学家的依赖。它的基本思想是：使用语料库作为唯一的信息源，所有的知识（除了统计模型的构造方法之外）都从语料库中获得；语言知识在统计意义上被解释，所有参数都是通过统计处理从语料库中自动获得的。基于统计的方法具有效率高、鲁棒性强的优点，大量的实验已经证明了该方法的优越性。目前，基于统计的方法已经被句法分析研究者普遍采用。要进行统计句法分析，首先要遵循某一语法体系，根据该体系的语法确定语法树的表示形式。在句法分析中使用比较广泛的有短语结构语法和依存语法，而短语结构句法分析普遍基于概率上下文无关文法（Probabilistic Context Free Grammar，PCFG）。

自 20 世纪 80 年代以来，各国学者对 PCFG 模型进行了深入的研究，它是形式最为简单的统计句法分析模型。PCFG 具有形式简洁、参数空间小和分析效率高等特点，且形成了较完整的体系。

PCFG 是上下文无关文法（Context Free Grammar，CFG）的扩展，CFG 由以下几部分组成：

- 终结符集合 Σ，比如汉语的一个词表。所谓终结符，就是无法再分的最小单位。
- 非终结符集合 V，比如“名词短语”“动词短语”等短语结构组成的集合。V 中应至少包含一个特殊的非终结符，即句子符或初始符，记为 $S \in V$。
- 推导规则 R，即推导非终结符的一系列规则：$V \to V \cup \Sigma$。

PCFG 的规则可表示为 $A \to \alpha p$，其中 A 为非终结符，p 为 A 推导出 α 的概率，即 $p = P(A \to \alpha)$，且该概率分布必须满足如下条件：

$$\sum P(A \to \alpha) = 1 \tag{3-2}$$

也就是说，相同左部的产生式概率分布满足归一化条件。分析树的概率等于所有使用规则概率之积。

PCFG 句法分析模型有三个假设条件。

- 位置不变性（place invariance）：子树的概率不依赖于该子树所管辖的单词在句子中的位置。

- 上下文无关性（context-free）：子树的概率不依赖于子树控制范围以外的单词。
- 祖先无关性（ancestor-free）：子树的概率不依赖于推导出子树的祖先节点。

例如，假设有规则集：

G(S):	S → NP VP 1.0	NP → NP PP 0.4
	PP → P NP 1.0	NP → astronomers 0.1
	VP → V NP 0.7	NP → ears 0.18
	VP → VP PP 0.3	NP → saw 0.04
	P → with 1.0	NP → stars 0.18
	V → saw 1.0	NP → telescopes 0.1

根据上述规则集，句子“astronomers saw stars with ears”有两个可能的句法结构，如图 3-1 所示。

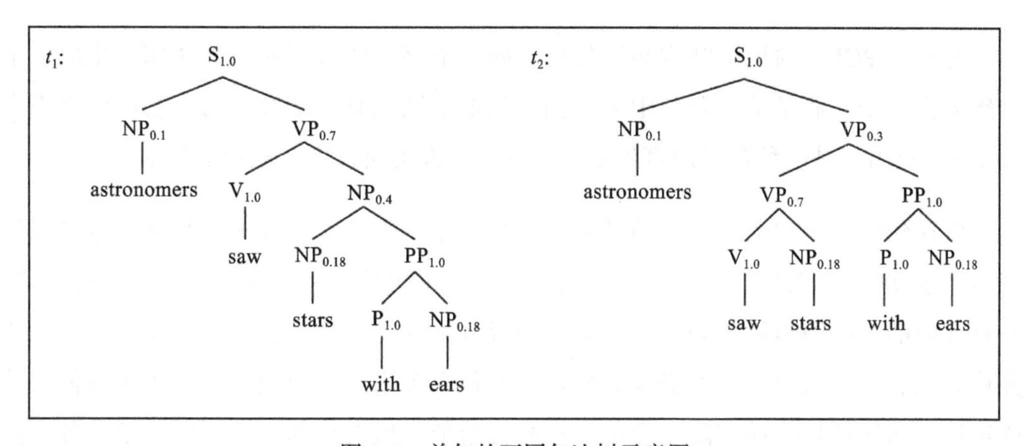

图 3-1 单句的不同句法树示意图

而两棵子树的概率分别为：

- $P(t_1)$ =1.0 × 0.1 × 0.7 × 1.0 × 0.4 × 0.18 × 1.0 × 1.0 × 0.18 = 0.000 907 2。
- $P(t_2)$ = 1.0 × 0.1 × 0.3 × 0.7 × 1.0 × 0.18 × 1.0 × 1.0 × 0.18 = 0.000 680 4。

因此，我们选取 t_1 作为最优句法树。结合上述例子，不难得出关于 PCFG 的三个基本问题：

- 给定一个句子和文法，计算产生句子的概率。
- 在语句句法结构有歧义的情况下，如何快速选择最佳的句法分析。
- 如何从语料库中训练文法的参数。

要解决第一个问题，可使用面向 PCFG 的内向外向算法；要解决第二个问题，可以使用维特比算法；要解决第三个问题，基本思路是使用期望最大化（Expectation-Maximization，EM）算法。

要注意的是，PCFG 在分析中会忽视消歧所必需的上下文相关信息，消歧能力有限。针对 PCFG 性能低下的问题，出现了增加结构信息的概率模型、包含词汇依存关系的概率文法、引入语义信息的模型、基于历史的模型等。

3.4 依存句法分析

与基于 PCFG 的短语结构句法分析不同，依存句法分析并不关注如何生成一个自然语言句子，而是关注句子中词与词之间的语法关系。依存语法由法国语言学家 Tesniere 提出，是一种跨越语言界限、客观揭示人类语言内在规律的句法理论。

依存句法认为“谓语”中的动词是一个句子的中心，其他成分与动词直接或间接地产生联系。“依存”指词与词之间支配与被支配的关系，这种关系不是对等的、具有方向的。确切地说，处于支配地位的成分称为支配者，而处于被支配地位的成分称为从属者。依存语法本身没有规定要对依存关系进行分类，但为了丰富依存结构传达的句法信息，在实际应用中，一般会给依存树的边加上不同的标记。各种依存语法存在一个共同的基本假设：句法结构本质上包含词和词之间的关系。这种关系称为依存关系（Dependency Relation 或 Dependency）。一个依存关系连接的两个词分别是核心词（Head）和修饰词（Dependent）。

依存句法分析的方法可以分为基于图模型（Graph-based Model）的分析方法和基于转移模型（Transition-based Model）的分析方法。基于图模型的方法将依存句法分析视为一个在完全有向图中寻找最大生成树的问题；而基于转移模型的方法则通过一个移进规约转移动作序列来构建一棵句法树，将依存句法分析问题转化为寻找一个最优动作序列的问题。

3.4.1 基于图模型的依存句法分析

依存句法树实际上是完全图的一个子图，若对完全图中的每条边属于句法树的可能性进行打分，则依存句法分析问题可转化为在这个完全图中寻找最大生成树（MST）的问题，该类问题有许多经典的解决方法，如 Kruscal 算法、Prim 算法等。

在基于图模型的依存句法分析中，将句子的一棵依存句法树的得分定义为依存树中依存弧的得分之和：

$$S(y)=\sum_{g\in y}s(w,x,g) \tag{3-3}$$

上述公式中的 g 是依存树 y 的生成子图。为了减少计算复杂度，基于图模型的依存句法分析在具体的实现阶段对依存树的依存子结构之间的相互影响做了很强的独立性假设。通过独立性假设，依存树的得分就可以化简为若干独立的依存子结构的得分之和。

基于以上定义，对一个给定的句子 x 进行依存句法分析的任务就变成了通过搜索算法寻找得分最高的依存树 y 的过程，即：

$$\begin{aligned}Y&=\underset{y\in T(G)}{\operatorname{argmax}}\,S(y)\\&=\underset{y\in T(G)}{\operatorname{argmax}}\sum_{g\in y}s(w,x,g)\end{aligned} \tag{3-4}$$

对基于图模型的依存句法分析来说，如何融入更丰富的特征信息并降低高阶模型带来的高复杂度是重要的研究内容。通过不断减弱依存子结构的独立性假设，融入更复杂的特征，可以使图模型取得更好的结果。

3.4.2 基于转移模型的依存句法分析

基于转移模型的依存句法分析方法的基本思想是对待分析的句子按从左到右的

顺序处理，处理的过程则被分解为一系列转移动作，每个转移动作都对依存句法树的构建做出部分贡献，最终由不同的转移动作序列生成不同结构的依存句法树。因此，基于转移模型的依存句法分析主要解决以下三个问题：

- 设计合理的转移系统，使句子可以通过该系统的动作序列构建依存句法树。
- 通过统计模型使最优的依存句法树对应的转移动作序列评分最高。
- 对给定的句子通过搜索算法找到最优的转移动作序列，即求出最优的依存句法树。

基于转移模型的依存句法分析的代表性方法有 Arc-standard 和 Arc-eager，两者皆属于基于栈的转移系统。基于栈的转移系统使用一个三元组 $<S, Q, A>$ 来表示依存分析状态。其中各项的具体含义如下：

- S 代表堆栈，用于存储当前状态下已完成的依存处理结果，即已构建的依存子树。
- Q 代表序列，用于存储还未处理的词序列。
- A 代表到目前为止已经建立的依存弧集合。

Arc-standard 转移系统中的动作集合的形式化描述如下：

- LEFT-ARC$_l$

$$<S \mid w_i, w_j \mid Q, A> \Rightarrow <S, w_j \mid Q, A \cup (j, i, l)>, i \neq 0$$

- RIGHT-ARC$_l$

$$<S \mid w_i, w_j \mid Q, A> \Rightarrow <S, w_i \mid Q, A \cup (i, j, l)>$$

- SHIFT

$$<S \mid w_i, w_j \mid Q, A> \Rightarrow <S \mid w_i\ w_j, Q, A>$$

在系统初始状态，整个句子都存储在队列中，可表示为 $<[w_0], [w_1\ w_2 \cdots w_n], \varnothing>$；接受状态时，栈中只有伪节点 w_0，队列为空，可表示为 $<[w_0], [], A>$。

Arc-eager 与 Arc-standard 方法相似，初始状态和接受状态是相同的，区别在于动作集合不同。Arc-eager 转移系统中的动作集合的形式化描述如下：

- LEFT-ARC$_l$

$$<S \mid w_i, w_j \mid Q, A> \Rightarrow <S, w_j \mid Q, A \cup (j, i, l)>, i \neq 0$$

- RIGHT-ARC$_l$

$$<S \mid w_i, w_j \mid Q, A> \Rightarrow <S, w_i \mid Q, A \cup (i, j, l)>$$

- REDUCE

$$<S \mid w_i, w_j \mid Q, A> \Rightarrow <S, w_j \mid Q, A>$$

- SHIFT

$$<S \mid w_i, w_j \mid Q, A> \Rightarrow <S \mid w_i\ w_j, Q, A>$$

在基于转移模型的依存句法分析中，解码算法的任务是找到一个概率或分值最大的动作序列。主要的解码算法包括贪心搜索、柱搜索（Beam Search），以及加入动态规划的柱搜索。

与基于图模型的依存句法分析方法相比，基于转移模型的依存句法分析方法的优点在于可以简便地融入丰富的特征。另外，其线性的解码时间也优于基于图模型的方法。在实际应用中，基于图模型和基于转移模型的依存句法分析方法的错误分布不同，且能够互相弥补，融合了两种方法的依存句法分析方法获得了很好的效果。

3.5 中文句法分析工具简介

目前，随着句法分析研究的不断深入，已经涌现出许多优秀的句法分析工具。其中，支持中文句法分析的工具有 Stanford Parser、Berkeley Parser 和哈工大 LTP 等。

Stanford NLP 是斯坦福大学的 NLP 小组开源的用 Java 语言实现的自然语言处

理工具包，为自然语言处理领域的许多问题提供了解决办法，包括分词、词性标注、命名实体识别、句法分析，以及依存句法分析。其中，Stanford Parser（https://nlp.stanford.edu/software/lex-parser.html）中实现了高度优化的 PCFG 句法分析器和依存句法分析器。

Stanford Parser 的 Python 封装基于 NLTK 实现，关于 NLTK 的安装与配置此处不做介绍。需要注意的是，Stanford Parser 对于 JDK 版本有一定的要求（目前，要求 JDK 版本在 1.8 以上）。如果在导入 Stanford Parser 时出现错误，读者可尝试安装最新版本的 JDK，并在安装后重新配置环境变量中的 JAVA_HOME。

3.6　实例——中文句法分析

下面是中文句法分析的实例。

步骤 1：导入所需的库。

```
#coding=utf-8
import jieba
from nltk.parse import stanford
import os
```

其中，jieba 用于分词，NLTK 中的 Stanford Parser 用于句法分析。

步骤 2：分词。

```
string = '东京2020年奥运会组委会和国际奥委会达成协议'
seg_list = jieba.cut(string, cut_all=False, HMM=True)
seg_str = ' '.join(seg_list)
print(seg_str)
```

string 中存储的是待分析的句子，使用 jieba 进行分词，分词结果如下：

```
东京 2020 年 奥运会 组委会 和 国际奥委会 达成协议
```

步骤 3：配置分析器，指定 JDK 路径。

```
if not os.environ.get('JAVA_HOME'):
    JAVA_HOME = '/usr/lib/jvm/jdk1.8'
    os.environ['JAVA_HOME'] = JAVA_HOME
```

步骤 4：配置分析器。

```
pcfg_path = 'edu/stanford/nlp/models/lexparser/chinesePCFG.ser.gz'
    # PCFG 模型路径
root = './data/'
parser_path = root + 'stanford-parser.jar'
model_path =  root + 'stanford-parser-3.9.2-models.jar'
parser = stanford.StanfordParser(
    path_to_jar=parser_path,
    path_to_models_jar=model_path,
    model_path=pcfg_path
    )
```

本实例采用基于 PCFG 的中文句法分析，因此指定模型路径为“edu/stanford/nlp/models/lexparser/chinesePCFG.ser.gz”。

步骤 5：进行基于 PCFG 的句法分析。

```
sentence = parser.raw_parse(seg_str)
for line in sentence:
    print(line.leaves())
    line.draw()
```

得到的句法分析结果及句法分析树如下：

```
['东京', '2020', '年', '奥运会', '组委会', '和', '国际奥委会', '达成协议']
```

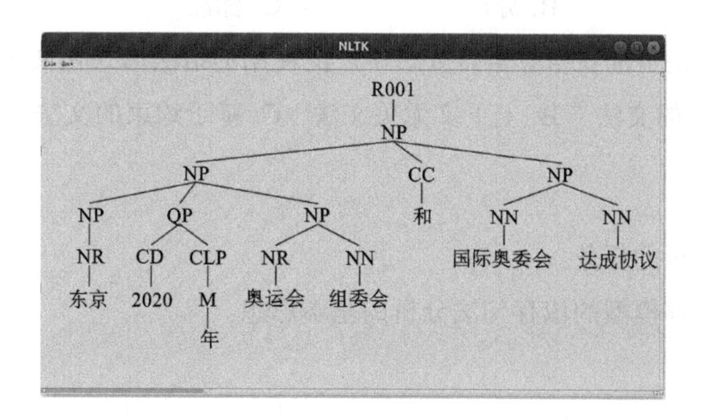

程序给出了基于 PCFG 的句法分析得到的树形图。读者可以尝试对不同的句子进行基于 PCFG 的句法分析，观察分析结果，也可以尝试其他的句法分析方法，如依存句法分析等。

3.7　本章小结

句法分析是指根据给定的文法自动识别句子所包含的句法单位以及这些句法单位之间的关系的过程，是自然语言处理领域的经典任务之一。常见的句法分析形式包括成分句法分析和依存句法分析。本章主要介绍了句法分析的基本概念和典型算法，以及常用的中文句法分析工具，并通过一个实例说明了如何完成基于 PCFG 算法的句法分析任务。

3.8　习题

一、填空题

1. 句法结构一般用________数据结构表示。
2. 句法结构分析方法分为基于规则的分析方法和________的分析方法两大类。

二、选择题

1. 句法分析面临的主要困难是（　　）。
   A. 消歧　　B. 分词　　C. 标注　　D. 信息抽取
2. 以下哪个不是目前在自然语言处理中广泛使用的语法形式化文法（　　）?
   A. 基于概率的文法　　B. 上下文无关文法　　C. 基于约束的文法　　D. 合一文法

三、简答题

1. 简述句法分析的任务。
2. 简述基于转移模型的依存句法分析的基本思想。

CHAPTER 4

第4章

基于机器学习的文本分类

机器学习发展到现在，在自然语言处理领域已经有许多成熟的算法和应用，例如，语音识别、手写体识别、文本分类、情感分析等。当然，机器学习作为人工智能的核心学科，其应用不仅局限于自然语言处理，还被广泛应用于许多其他场景。

本章将介绍机器学习的基本概念、典型算法，以及 scikit-learn 机器学习库的使用方法。在 4.6 节中，还将通过一个垃圾邮件分类实例来说明如何实现基于机器学习的文本分类器。

4.1 机器学习简介

机器学习是一门多领域交叉学科，涉及概率论、统计学、逼近论、凸分析、计算复杂性理论等多门学科。机器学习理论主要是设计和分析一些让计算机可以自动“学习”的算法。机器学习算法是一类从数据中自动分析获得规律，并利用规律对未知数据进行预测的算法。因为学习算法中涉及大量的统计学理论，所以机器学习与推断统计学联系尤为密切，也被称为统计学习理论。

2006 年，美国 Netflix 公司举办了 Netflix Prize 大赛——一个使用机器学习和数据挖掘技术解决电影评分预测问题的比赛，给予能够将 Netflix 的推荐系统 Cinematch 的准确率提升 10% 的个人或团队 100 万美元的奖励。2009 年，一个名为

BellKor's Pragmatic Chaos 的团队以将 Cinematch 系统的准确率提高了 10.06% 的成绩获得了这项奖励，如图 4-1 所示。

NETFLIX

Netflix Prize

COMPLETED

Home　Rules　Leaderboard　Update

Leaderboard

Showing Test Score. Click here to show quiz score

Rank	Team Name	Best Test Score	% Improvement	Best Submit Time
Grand Prize - RMSE = 0.8567 - Winning Team: BellKor's Pragmatic Chaos				
1	BellKor's Pragmatic Chaos	0.8567	10.06	2009-07-26 18:18:28
2	The Ensemble	0.8567	10.06	2009-07-26 18:38:22
3	Grand Prize Team	0.8582	9.90	2009-07-10 21:24:40
4	Opera Solutions and Vandelay United	0.8588	9.84	2009-07-10 01:12:31
5	Vandelay Industries !	0.8591	9.81	2009-07-10 00:32:20
6	PragmaticTheory	0.8594	9.77	2009-06-24 12:06:56
7	BellKor in BigChaos	0.8601	9.70	2009-05-13 08:14:09
8	Dace_	0.8612	9.59	2009-07-24 17:18:43
9	Feeds2	0.8622	9.48	2009-07-12 13:11:51
10	BigChaos	0.8623	9.47	2009-04-07 12:33:59
11	Opera Solutions	0.8623	9.47	2009-07-24 00:34:07
12	BellKor	0.8624	9.46	2009-07-26 17:19:11
Progress Prize 2008 - RMSE = 0.8627 - Winning Team: BellKor in BigChaos				

图 4-1　Netflix 公司举办的 Netflix Prize 大赛

同样在 2006 年，微软研究院开发了一个基于贝叶斯推断的玩家匹配系统 TrueSkill，并将其成功应用于 Xbox Live 的排行榜和玩家自动匹配中。TrueSkill 系统使用正态分布曲线来描述一个玩家的技能水平，并使用贝叶斯概率图模型进行技能水平排行和玩家匹配，如图 4-2 所示。

除此之外，机器学习以及在机器学习的基础上发展而来且日益成熟的深度学习，在计算机视觉、机器人技术、搜索引擎、网络广告和金融等领域都有着广泛的应用。

接下来，我们将从机器学习的基本概念出发，介绍机器学习中几种常用的分类和聚类算法原理，并以 Python 第三方库 scikit-learn 为例给出简单的使用演示。最后，我们将通过经典的垃圾邮件分类实例一起学习基于机器学习的文本分类过程。

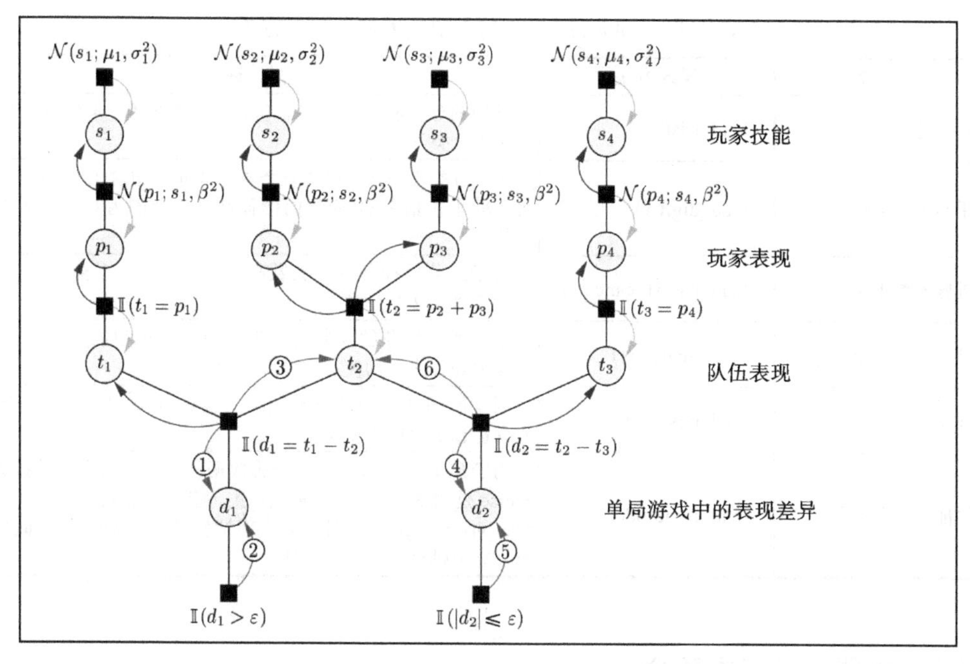

图 4-2　TrueSkill 采用的概率图模型

4.1.1　scikit-learn 简介

scikit-learn 是一个用于 Python 编程语言的开源的机器学习库，是一种简单且高效的数据挖掘和数据分析工具，它具备各种分类、回归和聚类算法，包括支持向量机、随机森林、梯度提升、k 均值等，并建立在其他用于科学计算的 Python 库 NumPy、SciPy 和 Matplotlib 的基础之上。

除了常用的算法实现之外，scikit-learn 还提供了一些小型的“玩具”数据集，无须下载便可以直接导入并使用这些数据集。虽然这些数据集的规模距离真实数据集还有很大的差距，但有助于我们学习机器学习技术，熟悉 scikit-learn 用法。scikit-learn 提供的小型数据集及导入方法如表 4-1 所示。

本章将使用 scikit-learn 作为工具，来介绍机器学习中的基本概念和常用算法。对于基于机器学习的文本分类任务中的一些常用算法，本章也给出了公式推导，编程基础较好的读者可以尝试自己实现这些经典的机器学习算法。

表 4-1　scikit-learn 中的小型数据集及导入方法

名　称	导入方法	描　述
鸢尾花数据集	load_iris()	常用的分类实验数据集。包含 150 个样本、4 个输入变量和 3 个分类
手写数字数据集	load_digits()	用于分类任务或者降维任务的数据集。包含 1797 个样本，每个样本包括 8×8 像素的图像和一个范围为 [0, 9] 的整数标签
乳腺癌数据集	load_barest_cancer()	用于二分类任务的经典数据集。包含 569 个样本、30 个输入变量和 2 个分类
糖尿病数据集	load_diabetes()	用于回归任务的经典数据集。10 个特征中的每个特征都已经被处理成 0 均值、方差归一化的特征值
波士顿房价数据集	load_boston()	用于回归任务的经典数据集。包含 506 个样本、13 个输入变量和 1 个输出变量
体能训练数据集	load_linnerud()	用于多变量回归任务的经典数据集。包含两个小数据集：excise 是对 3 个训练变量（体重、腰围、脉搏）的 20 次观测，physiological 是对 3 个生理学变量（引体向上、仰卧起坐、立定跳远）的 20 次观测

4.1.2　机器学习基本概念

1. 监督学习

在监督学习中，训练集中的数据以“输入–输出”或者“特征–标签”（feature-label）数据对的形式出现，且标签信息在训练的过程中是可见或可观测的变量。测试集中的数据只有特征信息，需要经过预测得到标签信息。

分类（classification）是一类典型的监督学习问题。常用的分类算法有朴素贝叶斯、K 近邻（K-Nearest Neighbor，KNN）、逻辑回归、支持向量机等。关于分类问题及常用的分类算法，我们将在本章后续内容中进行更为详细的讨论。

2. 无监督学习

在无监督学习中，训练集中的数据只包括特征信息，而不包括标签信息。事实上，在无监督学习的训练阶段，标签信息是作为隐藏变量（hidden variable）或潜在变量（latent variable）存在的。无监督学习的目标是为数据自动分配有意义、有价值的标签信息，与监督学习经常被用于解决一些显式的预测问题不同，无监督学习往往被应用于数据理解、数据可视化等任务。

聚类（clustering）是一类典型的无监督学习问题。对于聚类问题，假设输入数据为观测到的 d 维向量 $\boldsymbol{x}_n \in \mathbb{R}^d$（$n = 1, \cdots, N$），得到的输出应是一个划分（partition）$z_n \in \{1, \cdots, K\}, n = 1, \cdots, N$，使每个观测数据都被分配到一个唯一的聚类中。常用的聚类算法有 K 均值（K-Means）算法、DBSCAN、谱聚类、层次聚类等。

4.1.3　机器学习问题分类

1. 分类问题

分类问题即监督学习中输出变量为有限个离散变量时的预测问题。分类问题的目标就是在已有数据的基础上学习出一个分类决策函数或构造出一个分类模型，即通常所说的分类器（classifier）。分类问题在日常生活和自然语言处理的研究中都有非常广泛的应用。例如，根据文本特征对垃圾邮件、非垃圾邮件进行分类，对真实的新闻、假新闻进行分类，以及根据用户对产品的评论进行情感分析等，都属于分类问题。

接下来，给出分类问题的一般形式化描述：对于每个样本，假设其由 d 维特征向量 $\boldsymbol{x} \in \mathbb{R}^d$ 组成，离散的类别标签由 $t \in \{1, 2, \cdots, K\}$ 表示，则真实的联合概率分布可记为 $p(\boldsymbol{x}, t)$。训练集由 N 个 $p(\boldsymbol{x}, t)$ 中独立同分布的样本 $(\boldsymbol{x}_n, t_n)$（$n = 1, 2, \cdots, N$）组成。分类问题的目标即为学习出一个 $y(\boldsymbol{x}) \in 1, 2, \cdots, K$，使 $P(y(\boldsymbol{x}) \neq t) \approx 0$。

当分类的类别有多种情况时，我们称这种分类问题为多分类问题；而当分类的类别只有两种情况时，则称其为二分类问题。例如，识别一封邮件是否为垃圾邮件、识别一条新闻是否为假新闻，都属于二分类问题。下面以二分类问题为例，说明评价分类器性能的常用指标。

对于二分类问题，通常称关注的类为正类，其他类为负类。例如，对于一个垃圾邮件分类器，我们关注的是分类器对垃圾邮件的识别，可以将垃圾邮件（spam）标识为正类（class 1），将非垃圾邮件（ham）标识为负类（class 0）。根据分类器在测试数据集上对于正、负类样本给出预测结果的正确与否，可以将预测结果划分为 4 种情况，如表 4-2 所示。

表 4-2　正、负类样本的 4 种预测结果

		实 际		合 计
		1	0	
预测	1	TP	FP	$\hat{N}_+ = \mathrm{TP} + \mathrm{FP}$
	0	FN	TN	$\hat{N}_- = \mathrm{FN} + \mathrm{TN}$
合计		$N_+ = \mathrm{TP} + \mathrm{FN}$	$N_- = \mathrm{FP} + \mathrm{TN}$	$N = \mathrm{TP} + \mathrm{FP} + \mathrm{FN} + \mathrm{TN}$

表 4-2 中除合计以外的部分也称为混淆矩阵，是机器学习中衡量分类器性能的常用工具。其中，各项简称代表的意义如下：

- TP（True Positive）——将正类预测为正类的“真正类”。
- FP（False Positive）——将负类预测为正类的“假正类”，对应 I 型错误（Type I error）。
- FN（False Negative）——将正类预测为负类的“假负类”，对应 II 型错误（Type II error）。
- TN（True Negative）——将负类预测为负类的“真负类”。

根据表 4-2，N_+ 和 N_- 分别代表实际分类应为正、负类的总数，$\hat{N}_+$ 和 $\hat{N}_-$ 分别代表预测结果为正、负类的总数。由此得到 4 种比率：

- TPR（True Positive Rate）——真正类率，也称灵敏度（sensitivity）、召回率（recall），计算公式为 $\mathrm{TPR} = \frac{\mathrm{TP}}{N_+} = \frac{\mathrm{TP}}{\mathrm{TP}+\mathrm{FN}} \approx P(y(\boldsymbol{x}) = 1 \mid t = 1)$。
- FPR（False Positive Rate）——假正类率，也称误报率（false alarm rate），计算公式为 $\mathrm{FPR}=\frac{\mathrm{FP}}{N_-} = \frac{\mathrm{FP}}{\mathrm{FP}+\mathrm{TN}} \approx P(y(\boldsymbol{x}) = 1 \mid t = 0)$。
- FNR（False Negative Rate）——假负类率，计算公式为 $\mathrm{FNR}=\frac{\mathrm{FN}}{N_+} = \frac{\mathrm{FP}}{\mathrm{TP}+\mathrm{FN}} \approx P(y(\boldsymbol{x}) = 0 \mid t = 1)$。
- TNR（True Negative Rate）——真负类率，也称特异性（specificity），计算公式为 $\mathrm{TNR}=\frac{\mathrm{TN}}{N_-} = \frac{\mathrm{FP}}{\mathrm{FP}+\mathrm{TN}} \approx P(y(\boldsymbol{x}) = 0 \mid t = 0)$。

另外，将精确率（Precision）定义为：

$$\text{Precision}=\frac{\text{TP}}{\text{TP+FP}} \tag{4-1}$$

定义精确率和召回率的调和平均数为 F_1 值（F_1 score）：

$$\begin{aligned} F_1 &= \frac{2 \cdot \text{Precision} \cdot \text{Recall}}{\text{Precision} + \text{Recall}} \\ &= \frac{\text{TP}}{\text{TP} + \frac{1}{2}(\text{FP} + \text{FN})} \end{aligned} \tag{4-2}$$

ROC 曲线（Receiver Operating Characteristic Curve，接收者操作特征曲线）和 AUC 值也是经常被用于评价二分类问题分类器性能的指标。ROC 曲线，也称感受性曲线，是以 FPR 为横坐标、TPR 为纵坐标绘制出来的曲线。AUC（Area Under Curve）被定义为 ROC 曲线下与坐标轴围成的面积。AUC 值越大，分类器的分类效果越好。例如，图 4-3 中分类器 *A* 的分类效果明显优于分类器 *B* 的分类效果。

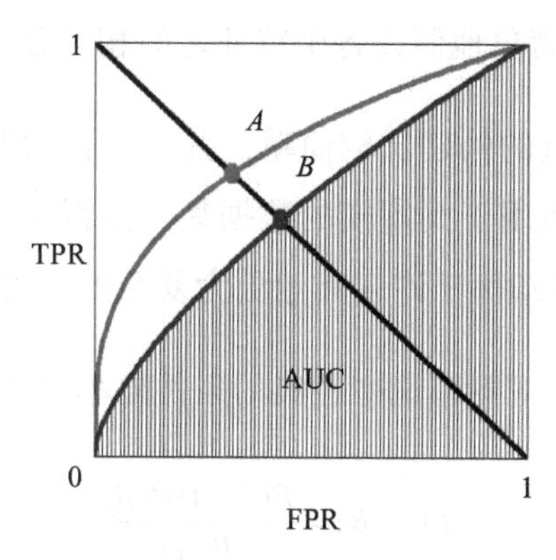

图 4-3　衡量分类器性能的 ROC 曲线与 AUC 值

2. 标注问题

在监督学习中，当输入变量和输出变量均为变量序列时，预测问题即成为标注问题。标注问题可被看作分类问题在输入变量也为离散量时的一种推广情况。标注问题在自然语言处理中的应用极为广泛，第 2 章中所提到的分词、词性标注任务都是非常典型的标注问题。例如，在词性标注任务中，我们为一个自然语言句子中的每个词进行词性标注，词即为输入观测序列，词性标记即为输出标记序列。解决标注问题的常用机器学习算法包括隐马尔可夫模型和条件随机场模型，这两种模型已经在第 2 章中做了详细讨论，此处不再赘述。

3. 回归问题

输入变量与输出变量均为连续变量的预测问题称为回归（regression）问题。回归问题关注的是当输入变量的值发生变化时，输出变量的值随之发生的变化。例如，股票价格随时间的变化，天气温度随时间的变化，房价随地理位置、朝向、大小等多个因素的变化等。

4.2　朴素贝叶斯分类器

朴素贝叶斯分类器（Naive Bayes Classifier）是一种基于贝叶斯定理的监督学习算法，所谓“朴素”，就是简单地假设各个特征之间相互独立，不会互相影响。

朴素贝叶斯分类器模型的构建比较简单，并且不需要复杂的迭代运算进行参数估计，其简洁的性质尤其适用于大规模的数据集。值得一提的是，虽然朴素贝叶斯分类器非常简单，但其性能却优于许多其他更为复杂的分类器。

首先，我们一起回顾一下概率论中经典的条件概率公式：

$$P(A|B)=\frac{P(B|A)P(A)}{P(B)} \tag{4-3}$$

其中：

- $P(A)$ 是 A 的先验概率，$P(B)$ 是 B 的先验概率。
- $P(A \mid B)$ 是已知 B 发生后 A 的条件概率，也被称为 A 的后验概率；$P(B \mid A)$ 是已知 A 发生后 B 的条件概率，也被称为 B 的后验概率。

假设每个样本数据由 n 维特征向量 $\boldsymbol{d}=x_1, x_2, \cdots, x_n$ 表示，且有 m 个类别，由 $c_1, c_2, \cdots, c_m$ 表示。朴素贝叶斯分类器的目标是对于一个给定的未知类别的样本 $\boldsymbol{d}$，为其

分配具有最高后验概率的类 c_i，即

$$P(c_i \mid \boldsymbol{d}) > P(c_j \mid \boldsymbol{d}), 1 \leqslant j \leqslant m, j \neq i \tag{4-4}$$

根据条件概率公式，有

$$P(c_i \mid \boldsymbol{d}) = \frac{P(\boldsymbol{d} \mid c_i)P(c_i)}{P(\boldsymbol{d})} \tag{4-5}$$

而 $P(\boldsymbol{d})$ 为常数，因此只需最大化 $P(\boldsymbol{d} \mid c_i)P(c_i)$。

根据朴素贝叶斯分类的特征独立假设，有

$$P(\boldsymbol{d} \mid c_i) = \prod_{j=1}^{n} P(x_j \mid c_i) \tag{4-6}$$

对于特征 E_j，若其为类别变量，则 $P(x_j \mid c_i)$ 可由如下公式计算：

$$P(x_j \mid c_i) = \frac{s_{ij}}{s_i} \tag{4-7}$$

其中，s_i 为类别 c_i 中的样本总数，s_{ij} 为在特征 E_j 上具有值 x_j 的类别 c_i 中的样本总数。

若特征 E_j 为连续变量，通常可以假定其服从高斯分布（Gaussian distribution），则有

$$P(x_j \mid c_i) = \mathcal{N}(x_j, \mu_{c_i}, \sigma_{c_i}) = \frac{1}{\sqrt{2\pi}\sigma_{c_i}} \mathrm{e}^{\frac{(x_j - \mu_{c_i})^2}{2\sigma_{c_i}^2}} \tag{4-8}$$

其中，给定类别 c_i 的特征 E_j' 的值，$\mathcal{N}(x_j, \mu_{c_i}, \sigma_{c_i})$ 为特征 E_j' 的高斯密度函数，μ_{c_i}、σ_{c_i} 分别表示均值和标准差。

除高斯朴素贝叶斯模型之外，根据实现细节的不同，还有多项式朴素贝叶斯模型、伯努利朴素贝叶斯模型，以及其他朴素贝叶斯 s 模型。本节重点介绍比较常用的高斯模型、多项式模型和伯努利模型。

在多项式模型（Multinomial Model）中，考虑特征在文档中的出现次数，有

$$P(\boldsymbol{d} \mid c_j)=\prod_{t=1}^{n}\frac{P(x_t \mid c_i)^{N_{i_t}}}{N_{x_t}!} \tag{4-9}$$

$$P(x_j \mid c_i)=\frac{1+\sum_{t=1}^{n} N_{i_t} P(c_j \mid d_i)}{|V|+\sum_{t'=1}^{|V|}\sum_{t=1}^{n} N_{i_{t'}} P(c_j \mid d_i)} \tag{4-10}$$

其中，N_{x_t} 代表特征 x_t 在文本中出现的次数，$|V|$ 代表特征 x_t 在文本 d_i 中出现的次数，$N_{i_{t'}}$ 代表特征 $x_{t'}$ 在文本 d_i 中出现的次数。

在伯努利模型中，用 B_{x_t} 代表特征 x_t 在文本 $\boldsymbol{d}$ 中出现与否，1 代表出现，0 代表未出现，则有

$$P(\boldsymbol{d} \mid c_j)=\prod_{t=1}^{n}(B_{x_t}P(x_t \mid c_j)+(1-B_{x_t})(1-P(x_t \mid c_j))) \tag{4-11}$$

$$P(x_j \mid c_i)=\frac{1+c_j\text{ 中包含特征 }x_t\text{ 的文本数}}{2+c_j\text{ 中所有的文本数}} \tag{4-12}$$

对于测试集中无标签信息的文本，利用训练好的分类器，即可通过以下公式求得文本 $\boldsymbol{d}$ 属于类别 c_j 的后验概率 $P(c_j \mid \boldsymbol{d})$:

$$P(c_j \mid \boldsymbol{d}) \propto= P(c_j)\prod_{t=1}^{n}P(x_t \mid c_j) \tag{4-13}$$

sklearn.naive_bayes 模块中实现了一组基于朴素贝叶斯原理的分类器，用于在特征独立的假设下应用朴素贝叶斯原理进行监督学习。其中，比较常用的分类器包括 GaussianNB 类实现的高斯朴素贝叶斯分类器、MultinomialNB 类实现的多项式朴素贝叶斯分类器、BernoulliNB 类实现的伯努利朴素贝叶斯分类器。接下来，我们将使用 scikit-learn 中自带的乳腺癌数据集，给出使用几类常用的朴素贝叶斯分类器进行分类的简单示例。

首先，导入 scikit-learn 中自带的乳腺癌数据集：

```
from sklearn.datasets import load_breast_cancer
cancer = load_breast_cancer()
```

使用 sklearn.model_selection 模块中的 train_test_split 函数，将数据集划分为 75% 的训练集和 25% 的测试集：

```
from sklearn.model_selection import train_test_split
X, y = cancer.data, cancer.target
X_train,X_test,y_train,y_test = train_test_split(X,y,test_size=0.25,random_
    state=42)
print('训练集：',X_train.shape)
print('测试集：',X_test.shape)
```

训练高斯朴素贝叶斯分类器，并计算其在训练集与测试集上的精确率得分：

```
from sklearn.naive_bayes import GaussianNB
gnb = GaussianNB()
gnb.fit(X_train,y_train)
print('测试数据集得分: {:.3f}'.format(gnb.score(X_test,y_test)))
print('训练数据集得分: {:.3f}'.format(gnb.score(X_train,y_train)))
```

得到的输出如下：

```
测试数据集得分: 0.958
训练数据集得分: 0.937
```

训练多项式朴素贝叶斯分类器，并计算其在训练集与测试集上的精确率得分：

```
from sklearn.naive_bayes import MultinomialNB
mnb = MultinomialNB()
mnb.fit(X_train,y_train)
print('测试数据集得分: {:.3f}'.format(mnb.score(X_test,y_test)))
print('训练数据集得分: {:.3f}'.format(mnb.score(X_train,y_train)))
```

得到的输出如下：

```
测试数据集得分: 0.923
训练数据集得分: 0.887
```

训练伯努利朴素贝叶斯分类器，并计算其在训练集与测试集上的精确率得分：

```
from sklearn.naive_bayes import BernoulliNB
```

```
bnb = BernoulliNB()
bnb.fit(X_train,y_train)
print('测试数据集得分：{:.3f}'.format(bnb.score(X_test,y_test)))
print('训练数据集得分：{:.3f}'.format(bnb.score(X_train,y_train)))
```

得到的输出如下：

```
测试数据集得分：0.622
训练数据集得分：0.629
```

事实上，伯努利朴素贝叶斯分类器与多项式朴素贝叶斯分类器都适用于离散数据，但不同的是，伯努利模型训练和分类的数据服从多元伯努利分布，即数据的每个特征都被假定为二值变量。因此，BernoulliNB 类要求样本表示为二值的特征向量，当输入其他类型的数据时，可以设置 binarize 参数对其进行二值化。在处理文本分类的问题时，与多项式模型关注词的出现次数和频率相比，伯努利模型更关注词在文档中“是否存在”。在某些情况下，尤其是处理文档较短的数据集时，伯努利朴素贝叶斯分类器的效果会优于多项式朴素贝叶斯分类器。

4.3　逻辑回归分类器

逻辑回归（Logistic 回归）虽然名字里带有“回归”，但实际上是解决分类问题的一类线性模型。Logistic 回归，也称为 Logit 回归，是一种将影响概率的不同因素结合在一起的指数模型。一般常用的是二项 Logistic 回归，即类别只有 0 和 1 两种，条件概率分布为：

$$P(Y=1\mid \boldsymbol{x},\boldsymbol{w})=\frac{\mathrm{e}^{\boldsymbol{w}^{\mathrm{T}}\boldsymbol{x}+b}}{1+\mathrm{e}^{\boldsymbol{w}^{\mathrm{T}}\boldsymbol{x}+b}}=\frac{1}{1+\mathrm{e}^{-(\boldsymbol{w}^{\mathrm{T}}\boldsymbol{x}+b)}} \tag{4-14}$$

$$P(Y=0\mid \boldsymbol{x},\boldsymbol{w})=\frac{1}{1+\mathrm{e}^{\boldsymbol{w}^{\mathrm{T}}\boldsymbol{x}+b}} \tag{4-15}$$

其中，$\boldsymbol{x}\in\mathbb{R}^n$ 为输入数据，$Y\in\{0,1\}$ 为输出数据。$\boldsymbol{w}\in\mathbb{R}^n$ 和 $b\in\mathbb{R}$ 分别代表特征权重和偏置量。

若将权值向量 $\boldsymbol{w}$ 与特征向量 $\boldsymbol{x}$ 加以扩充，即

$$\boldsymbol{w}=(w^{(1)}, w^{(2)}, \cdots, w^{(T)}, b)^{\mathrm{T}} \tag{4-16}$$

$$\boldsymbol{x}=(x^{(1)}, x^{(2)}, \cdots, x^{(T)}, 1)^{\mathrm{T}} \tag{4-17}$$

其中，$w^{(i)}$、$x^{(i)}$ 分别表示 $\boldsymbol{w}$、$\boldsymbol{x}$ 向量的第 i 维，则 Logistic 回归模型又可表示为：

$$P(Y=1 \mid \boldsymbol{x}, \boldsymbol{w})=\frac{1}{1+\mathrm{e}^{-\boldsymbol{w}^{\mathrm{T}} \boldsymbol{x}}} \tag{4-18}$$

$$P(Y=0 \mid \boldsymbol{x}, \boldsymbol{w})=\frac{1}{1+\mathrm{e}^{\boldsymbol{w}^{\mathrm{T}} \boldsymbol{x}}} \tag{4-19}$$

事实上，权值向量代表输入中的每项特征对于最终分类结果的影响，权重绝对值越大则表示该项对结果的影响越大，反之，权重绝对值越接近 0 则表示该项对于分类结果的影响越小。如果抽取出式（4-18）和（4-19）的函数原型 $f(\boldsymbol{x})=\frac{1}{1+\mathrm{e}^{-x}}$，可以得到如图 4-4 所示的函数图像。

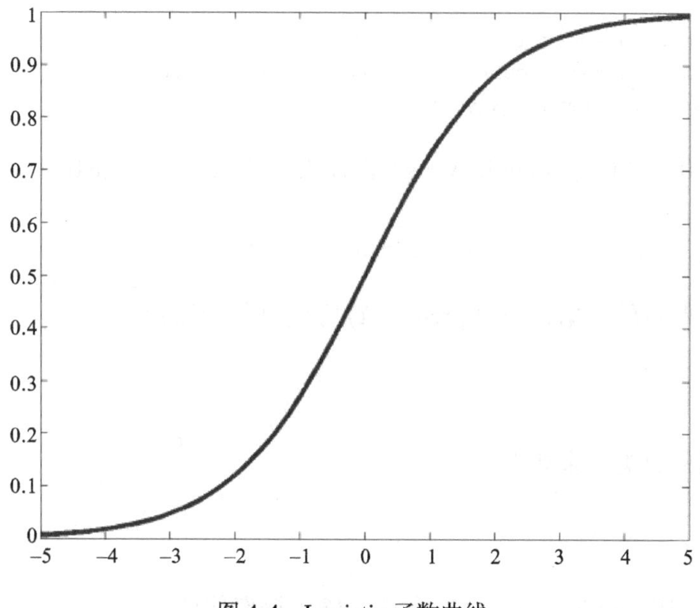

图 4-4　Logistic 函数曲线

对于给定的训练集 $T = \{(x_1, y_1), (x_2, y_2), \cdots, (x_n, y_n)\}$，可以使用极大似然估计法估计模型参数 $\boldsymbol{w}$，从而得到 Logistic 回归模型。对于一个输入 $\boldsymbol{x}$，即可代入模型计算 $P(Y = 1 \mid \boldsymbol{x}, \boldsymbol{w})$，由 Logistic 函数的曲线可知，该值应介于 0 到 1 之间。此时，可以设定一个阈值（如 0.5），若 $P(Y = 1 \mid \boldsymbol{x}, \boldsymbol{w})$ 大于阈值，即可判定 $\boldsymbol{x}$ 的分类结果为 1，否则为 0。

第 2 章曾经介绍过另一种指数模型——最大熵模型，事实上，可以证明逻辑回归与最大熵模型是等价的，逻辑回归是最大熵对应类别为二类时的特殊情况，换言之，当逻辑回归类别扩展到多类别时即可得到最大熵模型。

sklearn.linear_model 模块中实现了包括 Logistic 回归在内的多种线性模型，例如，Perceptron 类实现的感知机分类模型、LinearRegression 类实现的最小二乘线性回归模型、Lasso 类实现的 Lasso 回归模型等。接下来，我们将使用 scikit-learn 中自带的鸢尾花（iris）数据集，说明使用 sklearn.linear_model 模块中的 LogisticRegression 类实现 Logistic 回归分类器的方法。

首先，导入 scikit-learn 中自带的鸢尾花数据集和程序需要用到的 Python 库：

```
from sklearn.datasets import load_iris
from sklearn.linear_model import LogisticRegression
X, y = load_iris(return_X_y=True)
```

然后，调用 fit(*X*, *y*[, sample_weight]) 方法，训练一个 Logistic 回归分类器：

```
clf = LogisticRegression(random_state=0).fit(X, y)
```

只使用前两行的数据，调用 predict(*X*) 方法进行预测：

```
print(clf.predict(X[:2, :]))
```

得到预测的分类结果如下：

```
[0 0]
```

接下来，调用 predict_proba(*X*) 方法，输出概率估计：

```
print(clf.predict_proba(X[:2, :]))
```

得到的输出如下：

```
[[8.78030305e-01 1.21958900e-01 1.07949250e-05]
[7.97058292e-01 2.02911413e-01 3.02949242e-05]]
```

最后，调用 score(*X*, *y*[, sample_weight]) 方法，输出给定测试数据及标签信息下的平均精确率得分：

```
clf.score(X, y)
```

程序的输出如下：

```
0.96
```

以上只是使用 sklearn.linear_model.LogisticRegression 类实现 Logistic 回归分类器的简单示例。为了更直观地观察分类结果，下面只使用 iris 数据集中的前两个特征——花萼长度和花萼宽度训练一个 Logistic 回归分类器，并将决策边界在二维图像中绘制出来：

```
import numpy as np
import matplotlib.pyplot as plt
from sklearn.linear_model import LogisticRegression
from sklearn import datasets
# 导入数据
iris = datasets.load_iris()
X = iris.data[:, :2]  # 只使用前两个特征
Y = iris.target
# 训练一个 Logistic 回归模型
logreg = LogisticRegression(C=1e5)
logreg.fit(X, Y)
# 绘制决策边界
x_min, x_max = X[:, 0].min() - .5, X[:, 0].max() + .5
y_min, y_max = X[:, 1].min() - .5, X[:, 1].max() + .5
h = .02
xx, yy = np.meshgrid(np.arange(x_min, x_max, h), np.arange(y_min, y_max, h))
Z = logreg.predict(np.c_[xx.ravel(), yy.ravel()])
Z = Z.reshape(xx.shape)
plt.figure(1, figsize=(4, 3))
```

```
plt.pcolormesh(xx, yy, Z, cmap=plt.cm.Paired)
plt.scatter(X[:, 0], X[:, 1], c=Y, edgecolors='k', cmap=plt.cm.Paired)
plt.xlabel('Sepal length')
plt.ylabel('Sepal width')

plt.xlim(xx.min(), xx.max())
plt.ylim(yy.min(), yy.max())
plt.xticks(())
plt.yticks(())
plt.show()
```

最终，我们可以得到对鸢尾花数据集的部分特征使用 Logistic 回归模型进行分类的结果，如图 4-5 所示。

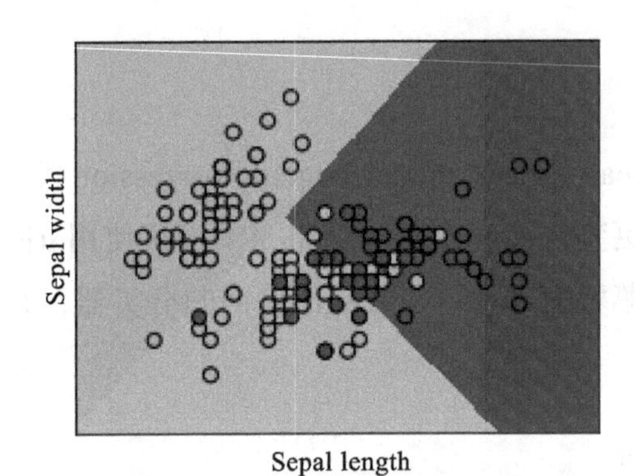

图 4-5　对鸢尾花数据集的部分特征使用 Logistic 回归模型进行分类的结果

4.4　支持向量机分类器

支持向量机（Support Vector Machine，SVM）是一类对数据进行二元分类的广义线性分类器，属于监督学习的范畴。支持向量机建立在 VC 维理论和结构风险最小化的基础上，根据有限的样本信息，在模型的复杂度和学习能力之间寻求平衡，以期达到最好的泛化能力。支持向量机是从线性可分情况下的最优分类面发展而来的，其基本思想可用图 4-6 所示的二维线性可分情况进行说明。所谓最优分类面，要求不仅能够将两类样本正确分开，而且分类间隔最大。推广到高维空间，最优分类面即成为最优分类超平面。

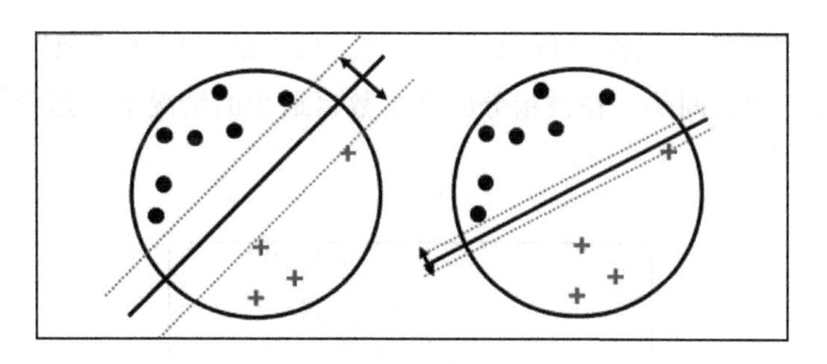

图 4-6　支持向量机的最优分类超平面

给定一个训练样本集合 $\{x_i, y_i\}$, $i = 1, \cdots, n$，$x_i \in \mathbb{R}^d$，$y_i \in \{-1, +1\}$，要找到一个分类平面 $\boldsymbol{xw} + \boldsymbol{b} = 0$ 以对样本正确分类，即

$$y_i[(\boldsymbol{w} \cdot x_i) + \boldsymbol{b}] - 1 \geqslant 0, i = 1, \cdots, n \tag{4-20}$$

此时，分类间隔等于 $\frac{2}{\|\boldsymbol{w}\|}$，使分类间隔最大等价于使 $\|\boldsymbol{w}\|^2$ 最小。因此，满足式（4-20）且使 $\frac{1}{2}\|\boldsymbol{w}\|^2$ 最小的分类超平面即为最优分类超平面。

利用拉格朗日优化方法可以将上述寻找最优分类平面的问题转化为二次函数的最优化问题，即

$$\max Q(\alpha) = \sum_{i=1}^{n}\alpha_i - \frac{1}{2}\sum_{i,j=1}^{n}\alpha_i\alpha_j y_i y_j (x_i, x_j)$$

$$\text{s.t.} \ \sum_{i=1}^{n} y_i\alpha_i = 0, \ \alpha_i \geqslant 0, i = 1, \cdots, n \tag{4-21}$$

其中，α_i 为与每个样本对应的拉格朗日乘子。在该优化问题的解中，只有一部分 α_i 不为 0，其对应的样本就是支持向量。通过求解这个问题，可得分类函数如下：

$$f(\boldsymbol{x}) = \sum_{i=1}^{n}\alpha_i^* y_i (x_i, \boldsymbol{x}) + \boldsymbol{b}^* \tag{4-22}$$

其中，$\boldsymbol{b}^*$ 为分类阈值，可由任意一个支持向量求出。

当训练样本不能被线性函数完全分开时，可以通过引入松弛因子 ξ_i 来允许错分样本的存在，即软间隔，在被错分的样本数目最少的情况下构造最优分类面，如图 4-7 所示。

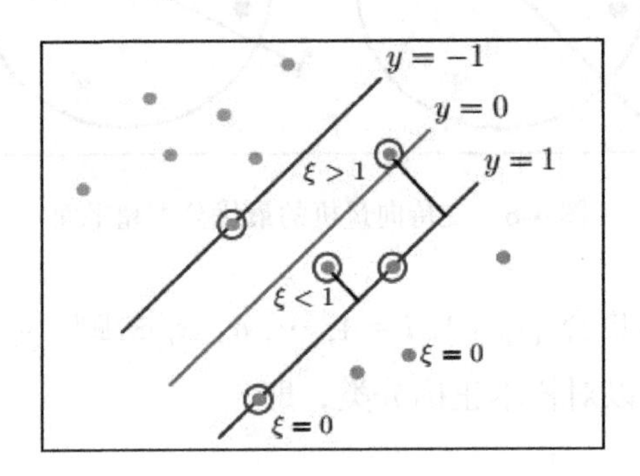

图 4-7　加入松弛变量的最优分类面

此时，约束条件（4-20）可改写为：

$$y_i[(\boldsymbol{w}\cdot x_i)+\boldsymbol{b}]-1+\xi_i\geqslant 0,\ i=1,\cdots,n \tag{4-23}$$

而目标函数则变为：

$$\min\frac{1}{2}\|\boldsymbol{w}\|^2+C\sum_{i=1}^{n}\xi_i \tag{4-24}$$

即折中考虑最少错分样本和最大分类间隔。这样，其对偶问题可写为如下的形式：

$$\max Q(\alpha)=\sum_{i=1}^{n}\alpha_i-\frac{1}{2}\sum_{i,\,j=1}^{n}\alpha_i\alpha_j y_i y_j(x_i,x_j)$$

$$\text{s.t.}\ \sum_{i=1}^{n}y_i\alpha_i=0,\ 0\leqslant\alpha_i\leqslant C,\ i=1,\cdots,n \tag{4-25}$$

其中 C 为惩罚常数，用来控制对错分样本惩罚的程度。

对于非线性可分问题，可以通过非线性变换转化为某个高维空间中的线性问题，在变换后的空间求最优分类超平面。设有非线性映射 ϕ: $\mathbb{R}^n\rightarrow H$ 将输入空间的样本

映射到高维的特征空间 H 中，如果能够找到一个合适的内积函数 K，使得

$$K(x_i, x_j) = \phi(x_i)\phi(x_j) \tag{4-26}$$

则对偶问题变为：

$$\max Q(\alpha) = \sum_{i=1}^{n} \alpha_i - \frac{1}{2}\sum_{i,j=1}^{n} \alpha_i \alpha_j y_i y_j K(x_i, x_j)$$

$$\text{s.t.} \ \sum_{i=1}^{n} y_i \alpha_i = 0 \ , 0 \leqslant \alpha_i \leqslant C, i = 1, \cdots, n \tag{4-27}$$

而相应的分类函数变为：

$$f(x) = \sum_{i=1}^{n} \alpha_i^* y_i K(x_i, \boldsymbol{x}) + \boldsymbol{b}^* \tag{4-28}$$

内积函数 K 即为核函数（kernel）。

常用的核函数有以下三类。

- 多项式核函数：

$$K(x_i, x_j) = [(x_i \cdot x_j) + 1]^d，其中\ d\ 是自然数$$

- 径向基核函数（radial basis function）：

$$K(x_i, x_j) = \exp\frac{|\boldsymbol{x} - x_i|}{\delta^2}, \delta > 0$$

- Sigmoid 核函数：

$$K(x_i, x_j) = \tanh[a(\boldsymbol{x} \cdot x_i) + t]$$

接下来，依然如 4.3 节中的示例一样，导入 scikit-learn 中自带的鸢尾花数据集，并且只使用其中的前两个特征——花萼长度和花萼宽度，对 scikit-learn.svm 模块中 SVC 和 LinearSVC 类的使用方法进行简要说明，并将决策边界在二维图像中绘制出来，观察 scikit-learn.svm 模块中不同分类器给出的决策边界的差异。

首先，导入程序需要用到的 Python 库和 scikit-learn 中自带的鸢尾花数据集，但只使用数据集中的前两个特征：

```
import numpy as np
import matplotlib.pyplot as plt
from sklearn import svm, datasets
iris = datasets.load_iris()
X = iris.data[:, :2]
y = iris.target
```

然后，定义两个用于绘图的函数：

```
def make_meshgrid(x, y, h=.02):
    x_min, x_max = x.min() - 1, x.max() + 1
    y_min, y_max = y.min() - 1, y.max() + 1
    xx, yy = np.meshgrid(np.arange(x_min, x_max, h), np.arange(y_min, y_max, h))
    return xx, yy
def plot_contours(ax, clf, xx, yy, **params):
    Z = clf.predict(np.c_[xx.ravel(), yy.ravel()])
    Z = Z.reshape(xx.shape)
    out = ax.contourf(xx, yy, Z, **params)
    return out
```

设置惩罚系数 $C = 1.0$，训练 4 个 SVM 模型，分别为：

- 使用 svm.SVC 并设置线性核函数。
- 直接使用 svm.LinearSVC 训练线性分类模型。
- 使用 svm.SVC 并设置径向基核函数。
- 使用 svm.SVC 并设置多项式核函数，多项式次数默认为 3 次。

```
C = 1.0  # SVM 正则化系数
models = (svm.SVC(kernel='linear', C=C),
          svm.LinearSVC(C=C, max_iter=10000),
          svm.SVC(kernel='rbf',gamma='auto', C=C),
          svm.SVC(kernel='poly', degree=3, gamma='auto', C=C))
models = (clf.fit(X, y) for clf in models)
```

绘制分类结果与决策边界：

```
titles = ('SVC with linear kernel',
          'LinearSVC (linear kernel)',
```

```
          'SVC with RBF kernel',
          'SVC with polynomial (degree 3) kernel')
fig, sub = plt.subplots(2, 2)
plt.subplots_adjust(wspace=0.4, hspace=0.4)
X0, X1 = X[:, 0], X[:, 1]
xx, yy = make_meshgrid(X0, X1)
for clf, title, ax in zip(models, titles, sub.flatten()):
    plot_contours(ax, clf, xx, yy, cmap=plt.cm.coolwarm, alpha=0.8)
    ax.scatter(X0, X1, c=y, cmap=plt.cm.coolwarm, s=20, edgecolors='k')
    ax.set_xlim(xx.min(), xx.max())
    ax.set_ylim(yy.min(), yy.max())
    ax.set_xlabel('Sepal length')
    ax.set_ylabel('Sepal width')
    ax.set_xticks(())
    ax.set_yticks(())
    ax.set_title(title)
plt.show()
```

最终得到 4 种支持向量机分类器给出的分类结果，如图 4-8 所示。

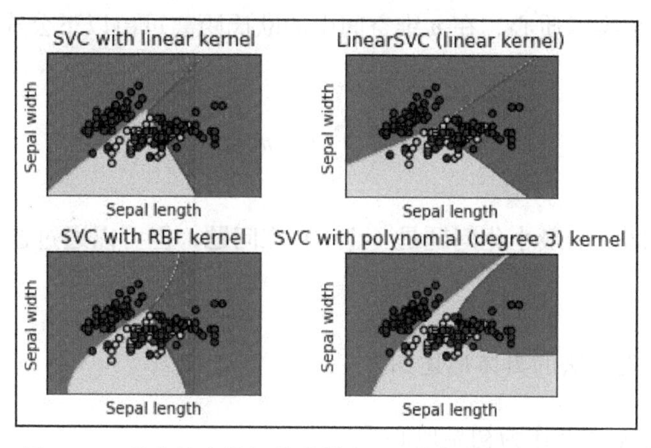

图 4-8　4 种支持向量机分类器在 iris 数据集上的分类结果

4.5　文本聚类

聚类分析（cluster analysis）常被用于处理一些看似无序但又需要将它们进行分组、归类的问题，属于一种探索性的数据分析方法。聚类结果的评价可以根据组内和组间的相似度来衡量，最佳效果应为组内对象的相似性尽可能大，而组间对象的相似性尽可能小。聚类分析发展到现在，尽管已经有很多成熟的聚类算法，每种算法都有各自的优缺点和适用领域，但并非每种聚类算法都适合解决文本聚类问题。本节将详细介绍 K-Means 聚类算法。

K-Means 是一种经典的基于划分的聚类算法，它能够非常高效地处理大文本集，可以实现局部最优化，属于贪心算法的范畴。K-Means 算法的基本思想是，首先确定划分类别的数目 k，随机找到 k 个质心，然后通过计算欧氏距离求出每个点到质心之间的距离，从而找到与其距离最近的质心，并将该点分配给最近的簇，再重新计算每个簇的平均值。经过不断的迭代，直到准则函数收敛，即质心不再发生变化停止迭代。通常，采用平方误差准则，其定义如下：

$$E=\sum_{j=1}^{k}\sum_{x_i\in w_j}\|x_i-m_j\|^2 \tag{4-29}$$

其中，m_j 是第 j 个类的质心，在 n 维空间中的欧氏距离可由以下公式求出：

$$D=\left(\sum_{i=1}^{n}(x_i-m_i)^2\right)^{\frac{1}{2}} \tag{4-30}$$

事实上，式（4-29）的最小化问题是一个 NP 难问题，但可以通过迭代方法求得近似最优解。

K-Means 聚类算法的具体描述如下：

① 随机选择 k 个点作为初始质心。

② 对数据集中的每个点，计算其与质心之间的距离。

③ 为每个点寻找距其最近的质心，并将其分配给该质心对应的簇。

④ 分配后，质心会发生变化，重新计算质心以及 E 的值。

⑤ 重复步骤②～④，直到达到最大迭代次数或准则函数收敛。

在经典的 K-Means 聚类算法中，初始质心是随机选取的。K-Means++ 是对经典 K-Means 聚类算法的改进，即在选取质心时，尽量选取相互离得远的质心。scikit-learn 中 KMeans 类实现了经典的 K-Means 聚类算法，并可以通过参数设置改变初始质心的选择方式。

首先，使用一组简单的数据来演示 scikit-learn 中 KMeans 类的使用方法，示例代码如下：

```
from sklearn.cluster import KMeans
import numpy as np
X = np.array([[1, 2], [1, 4], [1, 0], [10, 2], [10, 4], [10, 0]])
kmeans = KMeans(n_clusters=2, random_state=0).fit(X)
print("聚类结果为：", kmeans.labels_)
print("对点[0, 0], [12, 3]的预测结果为：", kmeans.predict([[0, 0], [12, 3]]))
print("聚类中心为：\n", kmeans.cluster_centers_)
```

输出结果如下：

```
聚类结果为：[1 1 1 0 0 0]
对点[0, 0], [12, 3]的预测结果为：[1 0]
聚类中心为：
 [[10.  2.]
 [ 1.  2.]]
```

接下来，继续使用 scikit-learn 中自带的鸢尾花数据集来完成一个有些复杂的聚类任务。首先，导入该程序需要用到的 Python 库：

```
import numpy as np
import matplotlib.pyplot as plt
from mpl_toolkits.mplot3d import Axes3D
from sklearn.cluster import KMeans
from sklearn import datasets
```

然后，导入鸢尾花数据集：

```
iris = datasets.load_iris()
X = iris.data
y = iris.target
```

使用 sklearn.cluster.KMeans 类训练一个 K-Means 聚类模型，设置类别数为 3，并使用 K-Means++ 进行初始化：

```
km = KMeans(n_clusters=3,init='k-means++')
km.fit(X)
labels = km.labels_
```

绘制聚类结果：

```
fig = plt.figure(figsize=(4, 3))
ax = Axes3D(fig, rect=[0, 0, .95, 1], elev=48, azim=134)
ax.scatter(X[:, 3], X[:, 0], X[:, 2], c=labels.astype(float), edgecolor='k')
ax.w_xaxis.set_ticklabels([])
ax.w_yaxis.set_ticklabels([])
ax.w_zaxis.set_ticklabels([])
ax.set_xlabel('Petal width')
ax.set_ylabel('Sepal length')
ax.set_zlabel('Petal length')
ax.set_title('3 clusters')
ax.dist = 12

fig.show()
```

最后，根据真实的类别标签 y 将 3 种鸢尾花类别的聚类图像绘制出来：

```
fig = plt.figure(figsize=(4, 3))
ax = Axes3D(fig, rect=[0, 0, .95, 1], elev=48, azim=134)
for name, label in [('Setosa', 0), ('Versicolour', 1), ('Virginica', 2)]:
    ax.text3D(X[y == label, 3].mean(), X[y == label, 0].mean(), X[y ==
        label, 2].mean() + 2, name, horizontalalignment='center', bbox=dict
        (alpha=.2, edgecolor='w', facecolor='w'))
y = np.choose(y, [1, 2, 0]).astype(float)
ax.scatter(X[:, 3], X[:, 0], X[:, 2], c=y, edgecolor='k')
ax.w_xaxis.set_ticklabels([])
ax.w_yaxis.set_ticklabels([])
ax.w_zaxis.set_ticklabels([])
ax.set_xlabel('Petal width')
ax.set_ylabel('Sepal length')
ax.set_zlabel('Petal length')
ax.set_title('Ground Truth')
ax.dist = 12
fig.show()
```

由此可以得到使用 sklearn.cluster.KMeans 类训练出来的聚类模型给出的聚类结果与根据真实的鸢尾花类别绘制出的图像，如图 4-9 所示。

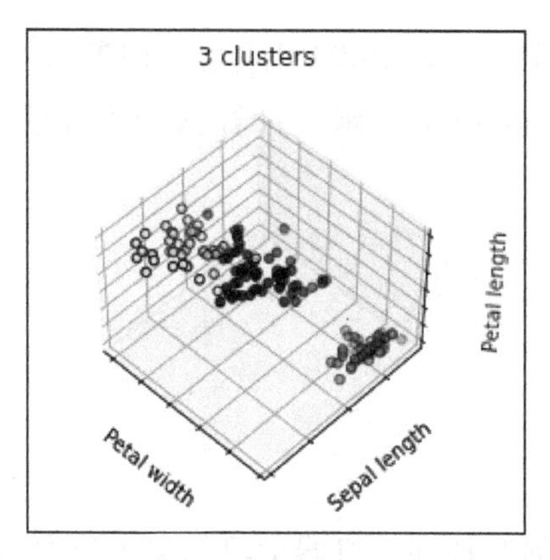

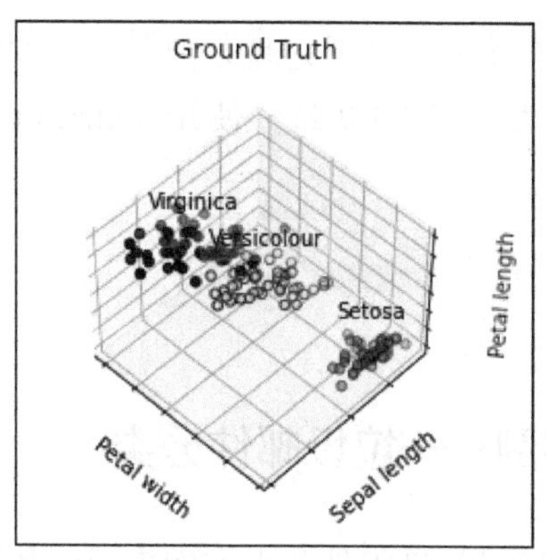

图 4-9　对鸢尾花数据集的聚类结果

对于聚类问题，由于并不存在真实的标签信息，因此无法使用监督学习中的指标来衡量聚类算法的性能。首先，为每一对数据点定义以下统计量：

- FP（False Positive）——真实情况应分开，而聚类结果将两者聚为一类。
- FT（False Negative）——真实情况应聚为一类，而聚类结果将两者分开。
- TP（True Positive）——真实情况和聚类结果均将两者聚为一类。
- TN（True Negative）——真实情况和聚类结果均将两者分开。

定义兰德系数（Rand Index）为：

$$\mathrm{RI}=\frac{\mathrm{TP}+\mathrm{TN}}{\mathrm{TP}+\mathrm{FP}+\mathrm{FN}+\mathrm{TN}}$$

兰德系数的值应在 [0, 1] 内，当聚类结果和真实情况完美匹配时，兰德系数为 1。

sklearn.metrics 模块中的 rand_score(labels_true, labels_pred) 函数可以通过真实标签信息 labels_true 与聚类结果 labels_pred 直接计算兰德系数，其使用示例代码如下：

```
from sklearn import metrics
labels_true = [0, 0, 0, 1, 1, 1]
labels_pred = [0, 0, 1, 1, 2, 2]
metrics.rand_score(labels_true, labels_pred)
```

假设对于 6 个样本，真实情况的划分结果应为 {0,0,0,1,1,1}，而聚类算法给出的聚类结果为 {0,0,1,1,2,2}，使用 metrics.rand_score() 函数计算该聚类算法的兰德系数，输出为：

```
0.66
```

4.6 实例——垃圾邮件分类

下面通过垃圾邮件分类实例来说明如何实现基于机器学习的文本分类器。

步骤 1：导入所需的库。

```
import numpy as np
import jieba
import re
import string
from sklearn.model_selection import train_test_split
from sklearn.naive_bayes import MultinomialNB
from sklearn.linear_model import LogisticRegression
from sklearn.feature_extraction.text import CountVectorizer
from sklearn.feature_extraction.text import TfidfVectorizer
from sklearn.feature_extraction.text import TfidfTransformer
```

MultinomialNB 和 LogisticRegression 分别为多项式朴素贝叶斯类和逻辑回归类。CountVectorizer 和 TfidfVectorizer 将文本数据转化为特征向量，其中，CountVectorizer 只考虑词汇在文本中出现的频率，而 TfidfVectorizer 除了考虑某词汇在文本出现的频率之外，还关注包含这个词汇的所有文本的数量，它能够削弱高频但没有意义的词汇带来的影响，挖掘更有意义的特征。TfidfTransformer 用于统计 vectorizer 中每个词语的 TF-IDF 值。

步骤 2：定义获取数据函数。

```
def get_data():
    with open("./data/ham_data.txt", encoding="utf8")as ham_f,
        open("./data/spam_data.txt", encoding="utf8")as spam_f:
        ham_data = ham_f.readlines()
```

```
        spam_data = spam_f.readlines()
        ham_label = np.ones(len(ham_data)).tolist()
        spam_label = np.zeros(len(spam_data)).tolist()
        corpus = ham_data + spam_data
        labels = ham_label + spam_label
    return corpus, labels
```

本实例中使用的数据存储于data文件夹中，其中ham_data.txt包含正常邮件文本，spam_data包含垃圾邮件文本。本函数返回文本数据及其对应的标签。

步骤3：定义去除空文档函数。

```
def remove_empty_docs(corpus, labels):
    filtered_corpus = []
    filtered_labels = []
    for doc, label in zip(corpus, labels):
        if doc.strip():
            filtered_corpus.append(doc)
            filtered_labels.append(label)

    return filtered_corpus, filtered_labels
```

步骤4：定义分词函数。

```
# 分词
def tokenize_text(text):
    tokens = jieba.cut(text)
    tokens = [token.strip()for token in tokens]
    return tokens
```

使用jieba库中的cut方法进行中文分词。

步骤5：定义去除特殊符号函数。

```
def remove_special_characters(text):
    tokens = tokenize_text(text)
    pattern = re.compile('[{}]'.format(re.escape(string.punctuation)))
    filtered_tokens = filter(None, [pattern.sub('', token)for token in tokens])
    filtered_text = ' '.join(filtered_tokens)
    return filtered_text
```

步骤6：定义加载停用词函数。

```
# 加载停用词
with open("./data/stop_words.utf8", encoding="utf8")as f:
    stopword_list = f.readlines()
```

data文件夹的stop_words.utf8文件中保存了停用词表，将停用词加载到stopword_list列表中。

步骤7：定义去除停用词函数。

```
# 去除停用词
def remove_stopwords(text):
    tokens = tokenize_text(text)
    filtered_tokens = [token for token in tokens if token not in stopword_list]
    filtered_text = ''.join(filtered_tokens)
    return filtered_text
```

使用加载到stopword_list中的停用词表处理文档，去除停用词，返回去除停用词后的文本filtered_text。

步骤8：定义数据预处理函数。

```
# 数据预处理
def normalize_corpus(corpus, tokenize=False):
    normalized_corpus = []
    for text in corpus:
        text = remove_special_characters(text)
        text = remove_stopwords(text)
        normalized_corpus.append(text)
        if tokenize:
            text = tokenize_text(text)
            normalized_corpus.append(text)
    return normalized_corpus
```

使用前面定义的函数对数据进行预处理，包括分词、去除特殊符号、去除停用词。

步骤9：定义基于词袋模型的特征提取函数。

```
def bow_extractor(corpus, ngram_range=(1, 1)):
    vectorizer = CountVectorizer(min_df=1, ngram_range=ngram_range)
```

```
    features = vectorizer.fit_transform(corpus)
    return vectorizer, features
```

步骤 10：定义基于 TF-IDF 模型的特征提取函数。

```
def tfidf_transformer(bow_matrix):
    transformer = TfidfTransformer(norm='l2', smooth_idf=True, use_idf=True)
    tfidf_matrix = transformer.fit_transform(bow_matrix)
    return transformer, tfidf_matrix
def tfidf_extractor(corpus, ngram_range=(1, 1)):
    vectorizer = TfidfVectorizer(min_df=1, norm='l2', smooth_idf=True,
        use_idf=True, ngram_range=ngram_range)
    features = vectorizer.fit_transform(corpus)
    return vectorizer, features
```

步骤 11：拆分数据集。

```
corpus, labels = get_data() # 获取数据集
print("总的数据量:", len(labels))
corpus, labels = remove_empty_docs(corpus, labels)
# 对数据进行划分
train_corpus, test_corpus, train_labels, test_labels = train_test_
    split(corpus, labels, test_size=0.3, random_state=42)
```

将 6371 条数据拆分为训练集和测试集，其中训练集占 70%，测试集占 30%。

步骤 12：数据预处理。

```
# 数据预处理
norm_train_corpus = normalize_corpus(train_corpus)
norm_test_corpus = normalize_corpus(test_corpus)
```

调用之前定义的 normalize_corpus 函数对训练集和测试集数据进行预处理。

步骤 13：获取基于词袋模型和 TF-IDF 模型的特征数据。

```
# 词袋模型特征
bow_vectorizer, bow_train_features = bow_extractor(norm_train_corpus)
bow_test_features = bow_vectorizer.transform(norm_test_corpus)
# tfidf 特征
tfidf_vectorizer, tfidf_train_features = tfidf_extractor(norm_train_corpus)
tfidf_test_features = tfidf_vectorizer.transform(norm_test_corpus)
```

步骤 14：创建多项式朴素贝叶斯分类模型和逻辑回归分类模型。

```
mnb = MultinomialNB()
lr = LogisticRegression()
```

MultinomialNB 方法创建多项式贝叶斯分类模型，LogisticRegression 方法创建逻辑回归分类模型。

步骤 15：训练基于词袋模型的多项式朴素贝叶斯分类模型并评分。

```
# 基于词袋模型的多项式朴素贝叶斯
mnb.fit(bow_train_features,train_labels)
print("基于词袋模型的多项式朴素贝叶斯模型")
print("训练集得分：",mnb.score(bow_train_features,train_labels))
print("测试集得分：",mnb.score(bow_test_features,test_labels))
```

得到的输出如下：

```
基于词袋模型的多项式朴素贝叶斯模型
训练集得分：0.9975330791657322
测试集得分：0.9759414225941423
```

步骤 16：训练基于词袋模型的逻辑回归分类模型并评分。

```
# 基于词袋模型的逻辑回归
lr.fit(bow_train_features,train_labels)
print("基于词袋模型的逻辑回归模型")
print("训练集得分：",lr.score(bow_train_features,train_labels))
print("测试集得分：",lr.score(bow_test_features,test_labels))
```

得到的输出如下：

```
基于词袋模型的逻辑回归模型
训练集得分：0.9775734469612021
测试集得分：0.9544979079497908
```

步骤 17：训练基于 TF-IDF 模型的多项式朴素贝叶斯分类模型并评分。

```
# 基于 tfidf 的多项式朴素贝叶斯模型
mnb.fit(tfidf_train_features,train_labels)
print("基于 tfidf 的多项式朴素贝叶斯模型")
```

```
print(" 训练集得分: ",mnb.score(tfidf_train_features,train_labels))
print(" 测试集得分: ",mnb.score(tfidf_test_features,test_labels))
```

得到的输出如下：

```
基于 tfidf 的多项式朴素贝叶斯模型
训练集得分: 0.9905808477237049
测试集得分: 0.9660041841004184
```

步骤 18：训练基于 TF-IDF 模型的逻辑回归分类模型并评分。

```
# 基于 tfidf 的逻辑回归模型
lr.fit(tfidf_train_features,train_labels)
print(" 基于 tfidf 的逻辑回归模型 ")
print(" 训练集得分: ",lr.score(tfidf_train_features,train_labels))
print(" 测试集得分: ",lr.score(tfidf_test_features,test_labels))
```

得到的输出如下：

```
基于 tfidf 的逻辑回归模型
训练集得分: 0.9313747477012783
测试集得分: 0.9199790794979079
```

对比结果可知，本实例的分类应用中，无论是基于词袋模型还是基于 TF-IDF 模型，多项式朴素贝叶斯分类模型在分类效果上都要优于逻辑回归分类模型。

4.7 本章小结

目前，机器学习在自然语言处理领域已经有许多成熟的算法和应用，例如语音识别、手写体识别、文本分类、情感分析等。本章首先介绍了关于机器学习的基本概念，以及一些典型算法，其中包括朴素贝叶斯分类器、逻辑回归分类器、支持向量机分类器、K-Means 聚类算法，然后介绍了机器学习中常用的 scikit-learn 库的使用方法，并通过一个垃圾邮件分类实例介绍了基于多个机器学习算法实现的文本分类器。

4.8 习题

一、填空题

1. 监督学习是指我们给算法一个数据集，并且给定________，机器通过数据来学习正确答案的计算方法。
2. 聚类是一类典型的________学习问题。

二、选择题

1. 支持向量机是一种（　　）模型。
   A. 二分类　　B. 三分类　　C. 多分类　　D. 聚类
2. 以下不属于数据预处理方法的是（　　）。
   A. 归一化　　B. 标准化　　C. 离散化　　D. 消歧

三、简答题

1. 简述什么是特征工程。
2. 简述什么是归一化。

CHAPTER 5

第 5 章 深度学习与神经网络

近年来，随着数据的爆炸式增长、计算算力的大幅度提升以及算法的不断改进，深度学习获得了极大的突破，围绕着深度学习前景的报道频繁出现，大大小小的公司都在其产品中使用了深度学习技术。从与人们日常生活相关的人脸识别、语音助手、自动驾驶、地图导航，到医学影像识别、基因测序、仿生机器人等专业领域，深度学习的身影无处不在。

第 4 章中介绍了使用基于统计学的机器学习方法解决 NLP 问题，本章将介绍使用基于人工神经网络的深度学习方法解决 NLP 问题。作为深度学习初学者的入门知识，本章只对深度学习做基本介绍，为后续章节的学习打下基础。

5.1 深度学习与神经网络简介

深度学习是机器学习的一种特殊形式，深度学习、机器学习和人工智能的关系如图 5-1 所示，机器学习是人工智能的一个子领域，而深度学习又是机器学习的一个子领域。

所谓“深度”是指原始数据进行非线性特征转换的次数。如果把一个学习系统看作一个有向图结构，也可以把深度看作从输入节点到输出节点所经过的最长路径的长度。深度学习是将原始的数据特征通过多步的特征转换得到一种特征表示，并进一步输入到预测函数得到最终结果。

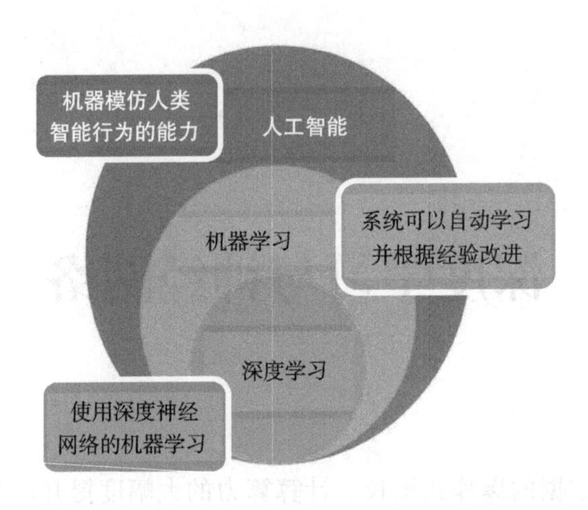

图 5-1 深度学习、机器学习和人工智能的关系

深度学习的概念源于人工神经网络的研究，其采用的模型主要是神经网络模型，很多深度学习算法中都会包含“神经网络”这个词，例如卷积神经网络、循环神经网络。因此，通常情况下，深度学习等价于神经网络。

5.2 人工神经网络

随着脑科学、认知科学的发展，人们逐渐认识到人类的智能行为和大脑活动有关。受到人脑神经系统的启发，研究人员构造了一种模仿人脑神经系统的数学模型，称为人工神经网络（Artificial Neural Network，ANN），简称神经网络。

5.2.1 生物神经元

在人的大脑中有数百亿个神经元（Neuron），神经元是人脑神经系统中最基本的单元，负责携带和传输信息，其结构如图 5-2 所示。

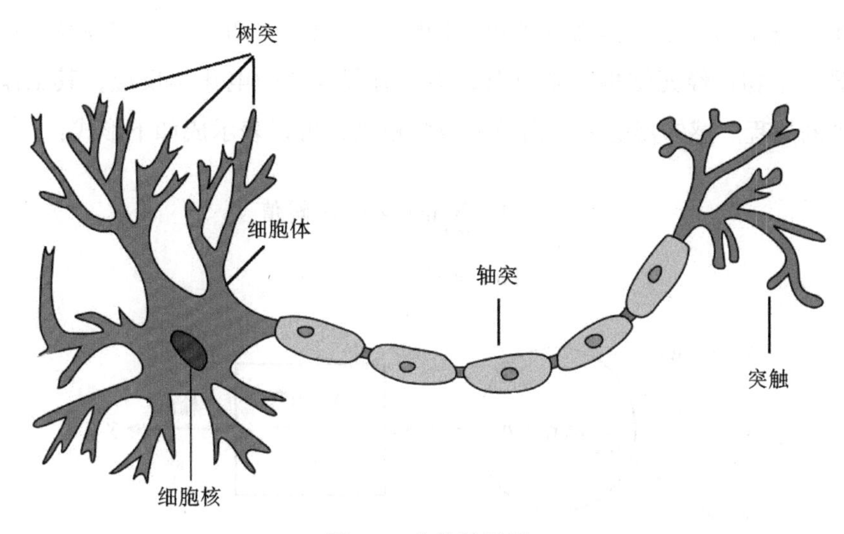

图 5-2　生物神经元

典型的生物神经元大致可以分为四个部分：

- 树突（Dendrite）：接收刺激并将其传入细胞体。
- 细胞体（Soma）：处理从树突中接收的信息。
- 轴突（Axon）：把自身的兴奋从细胞体传送到其他神经元或组织。
- 突触（Synapse）：是轴突和其他神经元树突之间的连接。

大脑中数以百亿计的神经元相互连接，它们都基于来自其他神经元（或来自身体其他部位）的输入信号进行工作。

5.2.2　感知器

感知器（Perceptron）是一种模仿生物神经元构建的数学模型，它具有四个重要的组成部分：输入、权重和偏置量、求和函数以及激活函数，其结构如图 5-3 所示。

感知器的基本逻辑为：从输入层接收的输入 x_i 与其分配的权重 w_i 相乘，然后将相乘的值相加以形成加权总和，将加权总和与偏置量相加后，通过激活函数（阶跃函数）形成输出。感知器在结构上简单地模仿了生物神经元，例如都有多个输入和一个输出、输出的结果会作为其他单元的输入。但是感知器与生物神经元仍然有很大的差异，生物神经元结构非常复杂，里面有很复杂的电化学反应，其工作过程是动态模拟的过程。感知器是一个简单的数学模型，可以表示成如下形式：

$$y=\begin{cases}1 & \sum_i w_i x_i + b \geqslant \text{阈值} \\ 0 & \text{其他}\end{cases} \tag{5-1}$$

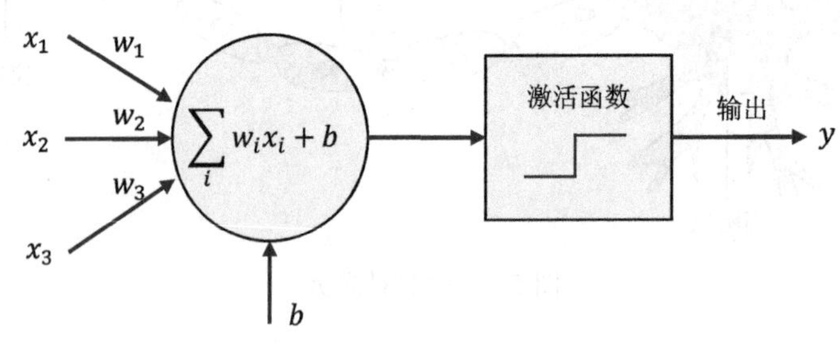

图 5-3　感知器

可以这样理解式（5-1），它通过给每个输入赋予不同的权重去拟合一个函数，以解决一个二分类问题，如下例所示。

例 1　假设我们考虑午饭是否叫外卖，那么需要根据以下几个因素来做出决定：

1）外面是否在下雨？

2）现在是否为集中吃饭的时间？

3）家里是否还有食物？

可以使用 x_1、x_2 和 x_3 三个二进制变量分别表示这三个因素，权重 w_1、w_2 和 w_3 表示三个因素在决策中的重要性，阈值则表示叫外卖意愿的程度。通过调整权重和阈值，可以得到不同的决策模型。

为了得到可接受的权重向量，通常会从随机的权值开始，反复地将这个感知器应用于每个训练样例，只要它误分类样例就修改感知器的权值。重复这个过程，直到感知机正确分类所有的样例。这一过程称为训练。

注意：感知器是广义上的人工神经元的一个特例，而所有神经网络的基本单位都是人工神经元，在后面的部分，我们统一称之为神经元。

5.2.3　激活函数

在神经网络中，如果不使用激活函数，那么每一层节点的输入都是上一层输出的线性函数，无论神经网络有多少层，输出都是输入的线性组合，隐藏层便失去了存在的意义，对于复杂的非线性问题来说，拟合效果欠佳。因此，这里引入非线性函数作为激活函数，这样深层神经网络的表达能力就更加强大，理论上只要神经元足够多，模型可以拟合任意函数。

激活函数需要具备以下几个性质：

- 连续且可导的非线性函数，这样可以直接利用数值优化的方法来学习网络参数。
- 激活函数本身及其导函数的形式要尽可能简单，这样有利于提高计算效率。
- 激活函数的导函数的值域要在一个合适的区间内，不能太大或太小，避免影响训练的效果和稳定性。

下面介绍神经网络中常用的几种激活函数。

1. Sigmoid 函数

Sigmoid 函数是一个单调、有界、可导的实函数，其表达式如下：

$$\sigma(x)=\frac{1}{1+\mathrm{e}^{-x}} \tag{5-2}$$

可以使用下面的代码绘制 Sigmoid 函数：

```
import matplotlib.pyplot as plt
import numpy as np
def sigmoid(x):
    return 1 / (1 + np.exp(-x))
```

```
x = np.arange(-6., 6., 0.1)
y = sigmoid(x)
plt.plot(x, y, 'b', label='sigmoid')
plt.grid()
plt.title("Sigmoid Activation Function")
plt.legend(loc='upper left')
plt.show()
```

其图形如图 5-4 所示。

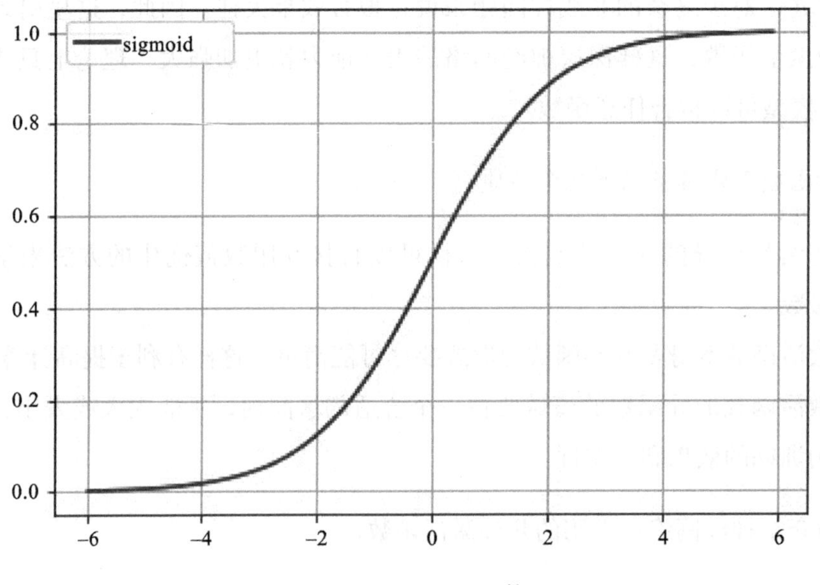

图 5-4　Sigmoid 函数

从图 5-4 可以看出，Sigmoid 函数的取值范围为（0, 1），它能够把输入的连续实值变换为 0 和 1 之间的输出，因此，Sigmoid 的值通常作为概率输出。特别地，如果输入是非常大的负数，则输出就是 0；如果输入是非常大的正数，则输出就是 1。Sigmoid 函数曾经被广泛使用，不过近年来很少被使用，因为它存在以下缺点：

- Sigmoid 在定义域上是单调递增的，但越靠近两端，变化越平缓，这会导致在使用反向传播算法时会出现梯度消失的问题，从而使训练速度变慢，难以收敛。

- Sigmoid 的输出不是 0 均值（Zero-Centered），这会导致下一层的神经元将得到上一层输出的非 0 均值的信号作为输入，使收敛速度缓慢。
- Sigmoid 解析式中含有幂运算，计算机进行求解时相对比较耗时。对于规模比较大的深度网络，这会大大增加训练时间。

2. Tanh 函数

Tanh 函数也称为双正切函数，其表达式为：

$$\mathrm{Tanh}(x)=\frac{\mathrm{e}^{x}-\mathrm{e}^{-x}}{\mathrm{e}^{x}+\mathrm{e}^{-x}} \tag{5-3}$$

可以使用下面的代码绘制 Tanh 函数：

```
import matplotlib.pyplot as plt
import numpy as np
def tanh(x):
    return (np.exp(x) - np.exp(-x)) / (np.exp(x) + np.exp(-x))
x = np.arange(-6., 6., 0.1)
y = tanh(x)
plt.plot(x, y, 'b', label='tanh')
plt.grid()
plt.title("Tanh Activation Function")
plt.legend(loc='upper left')
plt.show()
```

其图形如图 5-5 所示。

从图 5-5 可以看出，Tanh 函数与 Sigmoid 函数的图像非常相似，不同之处在于 Tanh 函数的值在 –1 和 1 之间，输出结果的平均值为 0。因此 Tanh 函数几乎在任何情况下的效果都要比 Sigmoid 函数更好，但梯度消失问题和幂运算的问题依然存在。

3. ReLU 函数

ReLU（Rectified Linear Unit，修正线性单元）是近年来被大量使用的激活函数，其表达式为：

$$\mathrm{ReLU}(x)=\max(0,x) \tag{5-4}$$

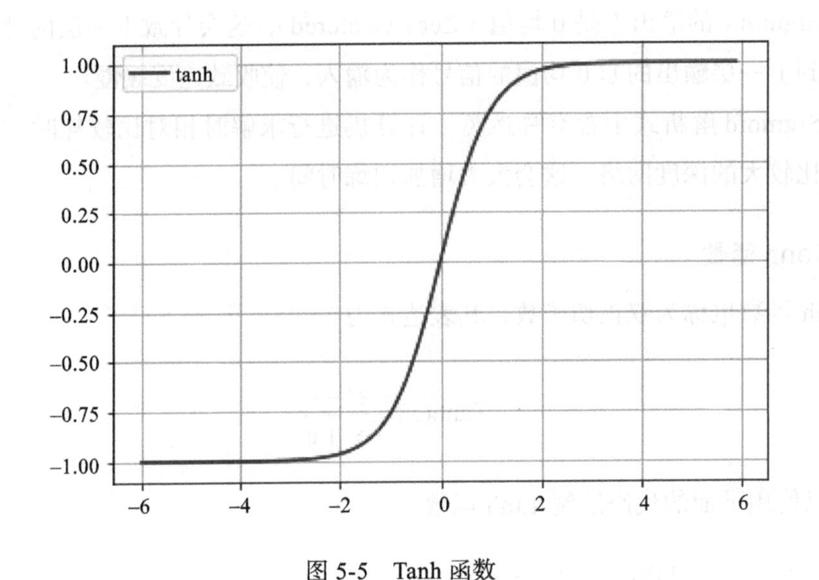

图 5-5　Tanh 函数

可以使用下面的代码绘制 ReLU 函数：

```
import matplotlib.pyplot as plt
import numpy as np
def relu(x):
    return np.maximum(0, x)
x = np.arange(-6., 6., 0.1)
y = relu(x)
plt.plot(x, y, 'b', label='ReLU')
plt.grid()
plt.title("ReLU Activation Function")
plt.legend(loc='upper left')
plt.show()
```

其图形如图 5-6 所示。

ReLU 函数其实就是取最大值函数，它的收敛速度比前两种激活函数要快得多，ReLU 激活函数的 X 轴负向的值恒为 0，使网络具有一定的稀疏性，从而减少了参数之间的依存关系，缓解了过拟合的情况，而且 X 轴正向的导函数为常数 1，因此不存在梯度消失的问题。当不知道选择哪个激活函数时，ReLU 是一个好的选择。

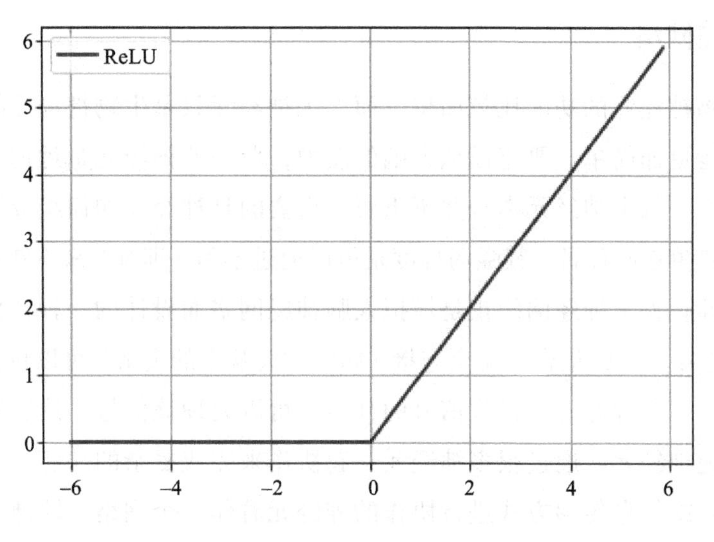

图 5-6　ReLU 函数

但 ReLU 函数也有弊端，那就是会丢失一些特征信息，因此出现了一些 ReLU 函数的变体以解决这个问题，例如 Leaky ReLU 函数，其表达式为：

$$\mathrm{ReLU}(x) = \max(\alpha x, x) \tag{5-5}$$

其图形如图 5-7 所示。

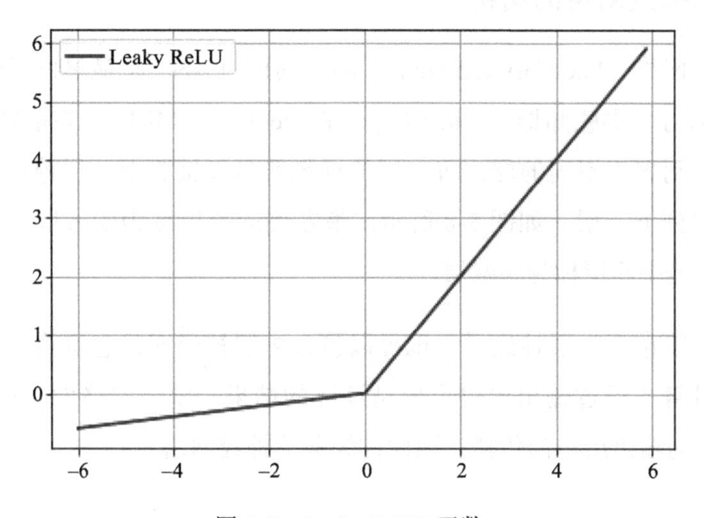

图 5-7　Leaky ReLU 函数

5.2.4 神经网络

一个生物神经元的功能比较简单，而人工神经元只是生物神经元的理想化和简单实现，功能更加简单。要想模拟人脑的能力，单一的神经元是远远不够的。在人脑神经网络中，每个神经元本身并不重要，重要的是神经元如何组成网络。不同神经元之间的突触有强有弱，其强弱程度是可以通过学习（训练）来不断改变的，具有一定的可塑性。人工神经网络正是模拟人脑神经网络而设计的一种计算模型，是基于神经元的连接单元的集合。每个连接（如生物大脑中的突触）可以将信号从一个神经元传递到另一个神经元。接收信号的神经元可以处理该信号，然后发信号通知与之相连的其他神经元，通过很多神经元一起协作来完成复杂的功能。可以将通过一定的连接方式或信息传递方式进行协作的神经元看作一个网络，即神经网络。不同的神经网络模型有着不同网络连接的拓扑结构。到目前为止，常见神经网络模型的包括前馈神经网络、卷积神经网络、循环神经网络等。本章接下来将介绍前馈神经网络，卷积神经网络和循环神经网络将分别在第 7 章和第 8 章进行介绍。

5.3 前馈神经网络

5.3.1 前馈神经网络的结构

前馈神经网络（Feedforward Neural Network，FNN）是最早发明的简单人工神经网络，也称为多层感知器（Multi-Layer Perceptron，MLP）。在前馈神经网络中，各个神经元分别属于不同的层，每一层的神经元可以接收上一层神经元的信号，并产生信号输出到下一层，如图 5-8 所示。最左侧的一层称为输入层，最右侧一层称为输出层，其他中间层称为隐藏层。

隐藏层可以包含一层神经元，也可以包含多层神经元，它将输入层接收的数据进行一系列计算，通过输出层输出模型计算的结果。整个网络没有回路或者闭环，信号从输入层向输出层单向传播，因此称为前馈神经网络。

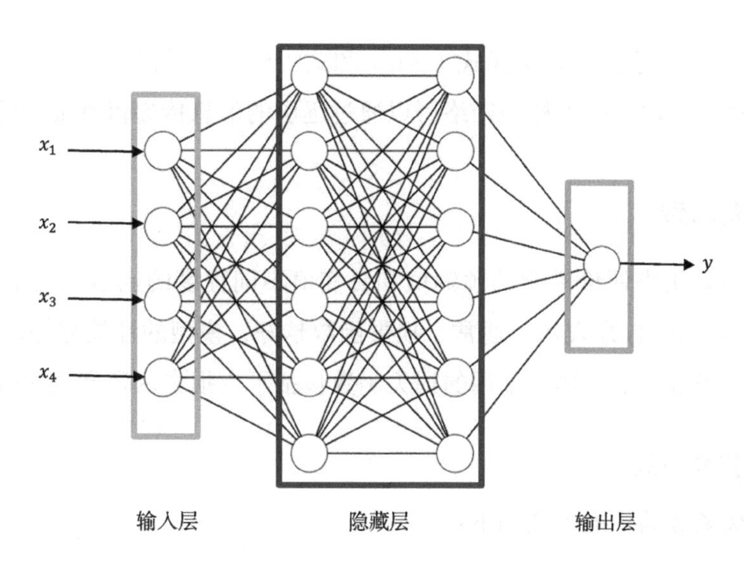

图 5-8 前馈神经网络模型

5.3.2 前向传播

为了理解前馈神经网络的工作原理，先给出如下定义：

- l：神经网络的第 l 层。
- L：神经网络的层数。
- M_l：第 l 层神经元的个数。
- $W^l \in \mathbb{R}^{M_l \times M_{l-1}}$：第 $l-1$ 层到第 l 层的权重矩阵。
- $b^l \in \mathbb{R}^{M_l}$：第 $l-1$ 层到第 l 层的偏置。
- $z^l \in \mathbb{R}^{M_l}$：第 l 层的输入。
- $f_l(\cdot)$：第 l 层的激活函数。
- $a^l \in \mathbb{R}^{M_l}$：第 l 层的输出。

有了以上这些定义，令 $a^1 = x$ 表示输入层的激活值，则第 l 层神经元的激活值 a^l 与第 $l-1$ 层的激活值可通过以下方程关联起来：

$$z^l = W^l a^{l-1} + b^l \quad (5\text{-}6)$$

$$a^l = f(z^l) \quad (5\text{-}7)$$

前馈神经网络通过不断迭代式（5-6）和式（5-7）进行信息传播，这一过程被称为前向传播，这样，前馈神经网络可以通过逐层的信息传递得到最后的输出 a^L。

5.3.3 损失函数

损失函数是用来评价模型的预测值和真实值不同程度的函数，它是一个非负实值函数，用 $L(Y, f(X))$ 来表示。通常，损失函数越好，模型的性能越好，而不同的模型适用的损失函数也不一样。常用的损失函数包括平方损失函数和交叉熵损失函数。

1. 平方损失函数

平方损失函数的标准形式如下：

$$L(Y, f(X)) = (Y - f(X))^2 \tag{5-8}$$

当样本个数为 n 时，平方损失函数变为：

$$L(Y, f(X)) = \sum_{i=1}^{n}(Y - f(X))^2 \tag{5-9}$$

$Y - f(X)$ 表示残差，因此，式（5-9）表示残差的平方和，训练的目的就是要最小化目标函数的值。而在实际应用中，通常会使用均方差（Mean Square Error，MSE）作为衡量指标，其公式如下：

$$\text{MSE} = \frac{1}{n}\sum_{i=1}^{n}(Y - f(X))^2 \tag{5-10}$$

在回归问题中，MSE 是一个很好的损失函数选择，而在分类问题中最常用的是交叉熵损失函数。

2. 交叉熵损失函数

对于二分类问题，交叉熵损失（Cross Entropy Loss）函数的形式如下：

$$L(Y, f(X)) = -\frac{1}{n}\sum_{i=1}^{n}[y_i \cdot \ln(p_i) + (1 - y_i) \cdot \ln(1 - p_i)] \tag{5-11}$$

其中，y_i 表示样本 i 的实际标签，正类为 1，负类为 0；p_i 表示样本 i 预测为正的概率。

多分类问题实际上就是对二分类问题的扩展，其形式如下：

$$L(Y, f(X)) = -\frac{1}{n}\sum_{i=1}^{n}\sum_{c=1}^{C} y_{i_c} \cdot \ln(p_{i_c}) \tag{5-12}$$

其中，C 表示类别的数量；y_{i_c} 是指示变量（1 或 0），如果样本 i 的类型为 c 则对应的值为 1，否则为 0；p_{i_c} 表示对于样本 i 属于类别 c 的概率。

交叉熵损失函数经常用于分类问题，特别是在神经网络做分类问题时。此外，由于交叉熵涉及计算每个类别的概率，因此它通常与 Sigmoid 或 softmax 函数一起出现。

5.3.4　反向传播算法

通过上面的介绍，我们已经了解前馈神经网络是如何进行信息传递并将输入转换为输出的，可以说神经网络就是一个模型，那么每条连接上的权重就是模型的参数，也就是需要通过训练学习到的内容。

注意： 一个神经网络的连接方式、网络的层数、每层的节点数等参数称为超参数（Hyper Parameter），它是人为事先设置好的，而不是通过训练得到的。

所有类型的神经网络都由一组神经元和神经元之间的连接组成，通常以层级结构进行组织，如图 5-9 所示是一个全连接网络，所谓全连接是指网络中的每个神经元都与其下一层的所有神经元相连。

在图 5-9 所示的全连接网络中共有 30 个权重，神经元的每一个输入都有一个权重，而第二层神经元的权重不是分配给原始输入的，而是分配给来自第一层输出的，因此，第一层权重对误差的影响是通过下一层每个神经元的权重产生的。给定一个样

本 (x, y)，将其输入到神经网络模型中，得到网络输出为 $\hat{y}$，则损失函数为 $L(y, \hat{y})$，要进行参数学习，就需要将输出层得到的误差反向传播到神经网络的每一个权重，根据误差的总体变化来更新权重，这一过程就称为反向传播（Back Propagation，BP）。

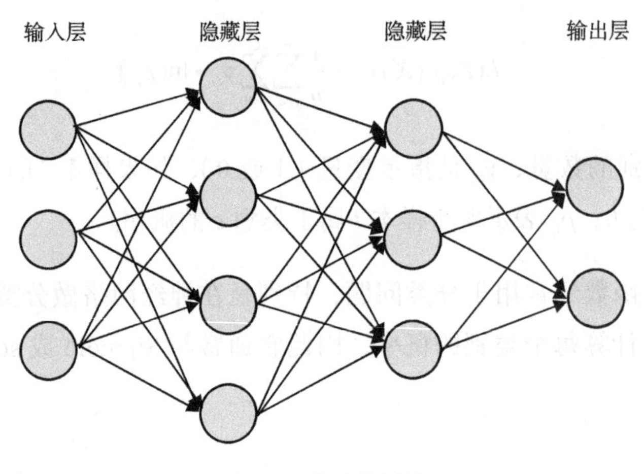

图 5-9　全连接网络

反向传播算法是一种与最优化方法（如梯度下降法）结合使用的用来训练人工神经网络的常见方法。该方法对网络中所有权重计算损失函数的梯度。这个梯度会反馈给最优化方法，用来更新权值以最小化损失函数。对于 BP 算法的推导及计算过程，本书不做介绍，感兴趣的读者可以自行查阅相关资料。

5.3.5　优化方法

深度学习中的优化问题通常是指寻找神经网络上的一组参数 θ，它能显著降低损失函数。针对此类问题，研究人员提出了多种优化算法，这里介绍两种比较常用的优化算法：随机梯度下降（Stochastic Gradient Descent，SGD）和自适应矩估计（Adaptive moment estimation，Adam）。

1. 随机梯度下降法

随机梯度下降及其变种是一般机器学习中应用最多的优化算法，尤其是在深度学习中。在微积分里面，对多元函数的参数求偏导数，把求得的各个参数的偏导数以向量的形式写出来，就是梯度。从数学的角度来说，梯度的方向就是函数增长速度最快的方向，也就是说沿着梯度向量的方向，更容易找到函数的最大值。那么梯度的反方向就是函数减少最快的方向，也就更容易找到函数的最小值。

在机器学习算法中，在最小化损失函数时，可以通过梯度下降法来逐步迭代求解，得到最小化的损失函数和模型参数值。经典的梯度下降法在每次对模型参数进行更新时，需要遍历所有的训练数据，更新公式如下：

$$W_{k+1}=W_k-\alpha\frac{1}{n}\sum_{i=1}^{n}g_k^i \tag{5-13}$$

其中，W_k 表示第 k 次迭代后的权重；α 表示学习率，当学习率设置得过小时，收敛过程将变得十分缓慢，而当学习率设置得过大时，损失函数可能会在最小值附近来回震荡，甚至可能无法收敛，因此，在实际应用中学习率往往不是一个固定值，而是一个随着训练次数衰减而变化的值，也就是说，在训练初期，学习率比较大，随着训练的进行，学习率不断减小，直到模型收敛；g_k^i 表示第 k 次迭代后样本 i 的梯度。从式（5-13）可以看出，当样本规模很大的时候，需要耗费大量的计算资源和计算时间，这在实际过程中基本不可行。为了解决这个问题，随机梯度下降法应运而生。

SGD 使用单个随机样本的梯度作为方向，步长作为一个可调控因子随时调整，可表示为如下形式：

$$W_{k+1}=W_k-\alpha g_k^i \tag{5-14}$$

由式（5-14）可见，SGD 每次迭代只使用一个样本计算梯度，训练速度快。但是如果数据的分布极不均衡，包含大量噪声，则会造成损失函数在收敛过程中产生严重震荡。因此，一个自然而然的想法就是每次使用一批（batch）数据来计算梯度，然后将梯度平均之后再使用 SGD 去更新参数，通过平均一批样本的梯度结果来减少震荡和其他影响，这种方法称为小批量（mini-batch）梯度下降法，其更新公式如下：

$$W_{k+1}=W_k-\alpha\frac{1}{m}\sum_{j=1}^{m}g_k^{i_j} \tag{5-15}$$

其中，m 为一个批量包含样本的个数。在实际应用中，最优的 m 通常要根据计算资源的存储能力、训练时间开销、泛化能力要求综合来确定，m 越小，泛化能力越强，但时间开销就越大且容易发生震荡，m 越大，训练速度越快，但可能丧失一定的泛化能力，m 的值一般取 2 的幂次，这样可以充分利用矩阵运算操作。

2. Adam 优化方法

Adam 是对 SGD 的扩展，可以代替 SGD 来更有效地更新网络权重。Adam 算法很容易实现，并且有很高的计算效率和较低的内存需求，很适合求解带有大规模数据或参数的问题。有关具体的计算方法，本书不做介绍，感兴趣的读者可以自行查阅相关资料。

5.4 深度学习框架

当需要实现神经网络时，使用深度学习框架进行开发可以省去大量而烦琐的外围工作，便于实现神经网络的构建和训练。使用深度学习框架完成模型构建主要有两个优势：

- 屏蔽底层实现，用户只需关注模型的逻辑结构，可以节省大量编写底层代码的精力；
- 具备灵活的移植性，便于将代码部署到 CPU、GPU 或移动端上。

深度学习框架降低了深度学习入门的门槛，因此，在开始深度学习项目之前，选择一个合适的深度学习框架是非常重要的。深度学习框架有很多，比较常用的包括 TensorFlow、Keras、PyTorch、PaddlePaddle（飞桨）、CNTK、Caffe、MXNet 和 Deeplearning4j 等，下面介绍其中几种比较流行的框架。

5.4.1 TensorFlow

TensorFlow 是谷歌于 2015 年开源的深度学习框架，由 Google Brain（谷歌大脑）团队的研究人员和工程师开发，是当今十分流行的深度学习框架，Airbnb、

DeepMind、Intel、Nvidia、Twitter 等许多公司都在使用它。其官方网址为 tensorflow.org，如图 5-10 所示。

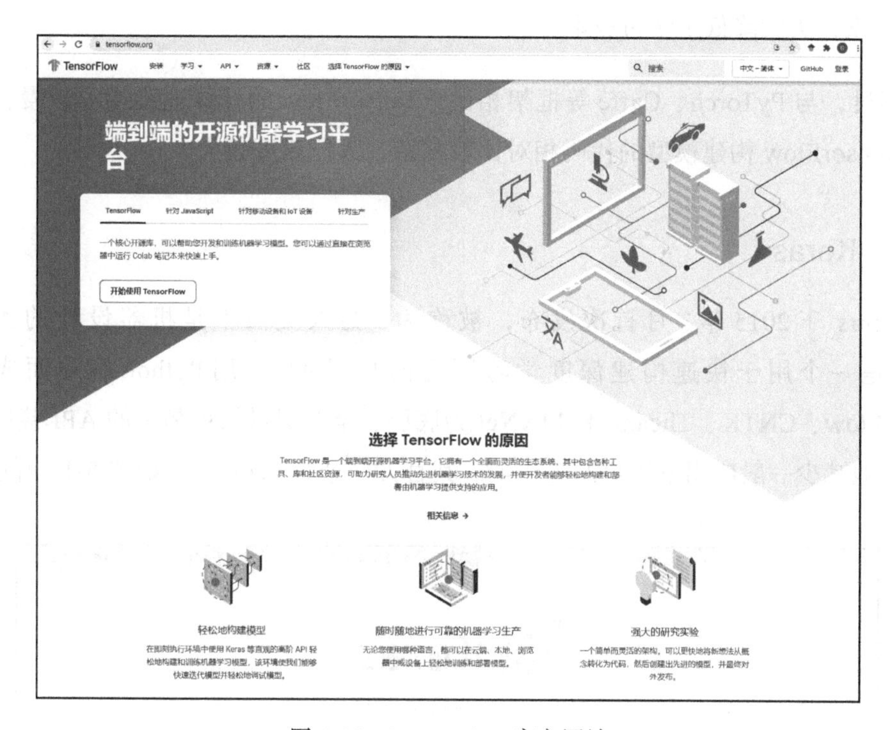

图 5-10 TensorFlow 官方网站

得益于 Google 在深度学习领域的影响力和强大的推广能力，TensorFlow 一经推出，关注度就居高不下，主要具有以下几个特点：

- 服务全面。Python 是处理 TensorFlow 最方便的客户端语言，但 TensorFlow 也支持 JavaScript、C++、Java、Go、C#、Julia 等语言，几乎所有开发人员都可以从其熟悉的语言入手使用 TensorFlow 开始深度学习。
- 通用便捷。TensorFlow 适用于在 MAC、Linux、Windows 系统上开发，其编译好的模型几乎适用于当今所有的平台系统，并且能够快速部署在各种硬件机器上：从高性能的计算机到移动设备，再到更小、更轻量的智能终端。
- 产品成熟。谷歌内部有大量的产品都用到了 TensorFlow，例如 Gmail、Google Photos、Speech Recognition 等，此外 TensorFlow 还应用于诸如 Airbnb、Nvidia、

Twitter 等大公司的产品中，使其框架具有非常高的成熟度。

- 文档完善。TensorFlow 构建了活跃的社区，其官方文档是非常详尽的文档体系，大大降低了学习成本。

不过，与 PyTorch、Caffe 等框架相比，TensorFlow 的计算速度相对较慢，而且使用 TensorFlow 构建模型的代码相对比较复杂，入门难度较大。

5.4.2 Keras

Keras 于 2015 年 3 月首次发布，被称为“为人类而不是机器设计的 API”。Keras 是一个用于快速构建深度学习原型的高层 API，用 Python 编写而成，以 TensorFlow、CNTK、Theano 和 MXNet 为底层引擎，提供简单易用的 API 接口，能够极大地减少一般应用下用户的工作量。其官方网址为 keras.io，如图 5-11 所示。

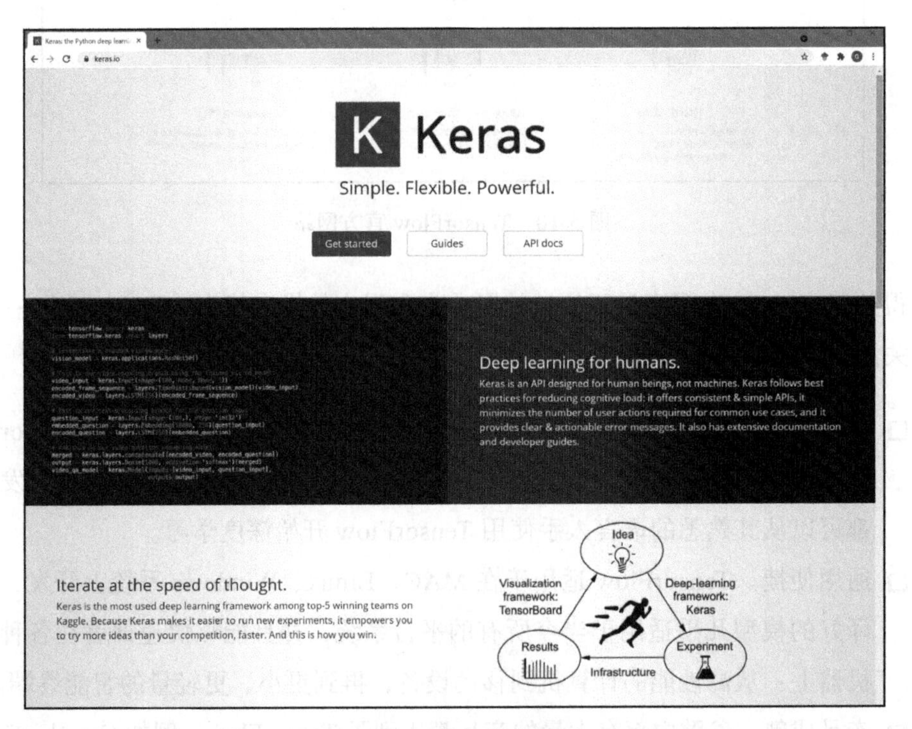

图 5-11 Keras 官方网站

Keras具有以下几个优点：

- Keras的目标是最小化用户操作，并使其模型真正容易理解，大大降低了深入学习应用的门槛，非常适合初学者。
- Keras是一个编写精美的API，编写的代码更加简洁，其功能特性可以帮助用户构建复杂的应用。
- Keras支持卷积神经网络和循环神经网络，而且相同的代码可以在CPU和GPU上无缝运行。

为了提供简洁且一致的API，尽可能为用户减少重复劳动，Keras做了层层封装。这种高度封装一方面使用户的学习变得容易，但另一方面也缺乏灵活性，经常导致用户在获取底层数据信息时过于困难，对现有神经网络层的改写也十分复杂。

5.4.3 PyTorch

PyTorch是基于Torch并由Facebook强力支持的Python端的开源深度学习库。它于2017年1月发布，是近年来最引人关注的深度学习框架之一。2018年Caffe2正式并入PyTorch后，PyTorch的发展势头更呈不可阻挡之势，其官方网站为pytorch.org，如图5-12所示。

PyTorch在学术界有很大优势，关于用到深度学习模型的文章，大部分都是通过PyTorch进行实验的，原因主要有以下几点：

- PyTorch库简洁易用，建模过程简单、直观，代码易于理解，可以与NumPy、SciPy等科学计算库无缝连接，而且基于Tensor的GPU加速效果很好；
- 支持动态图，提供了很好的灵活性，可以动态地设计网络，更像传统的编程方式，而无须像使用静态图的框架（例如TensorFlow）那样，对网络有任何修改都要从头开始重新构建静态图；
- PyTorch在设计上更直观，建模过程透明，代码易于理解，可以为使用者提供更多关于深度学习的细节，如反向传播和其他训练过程。

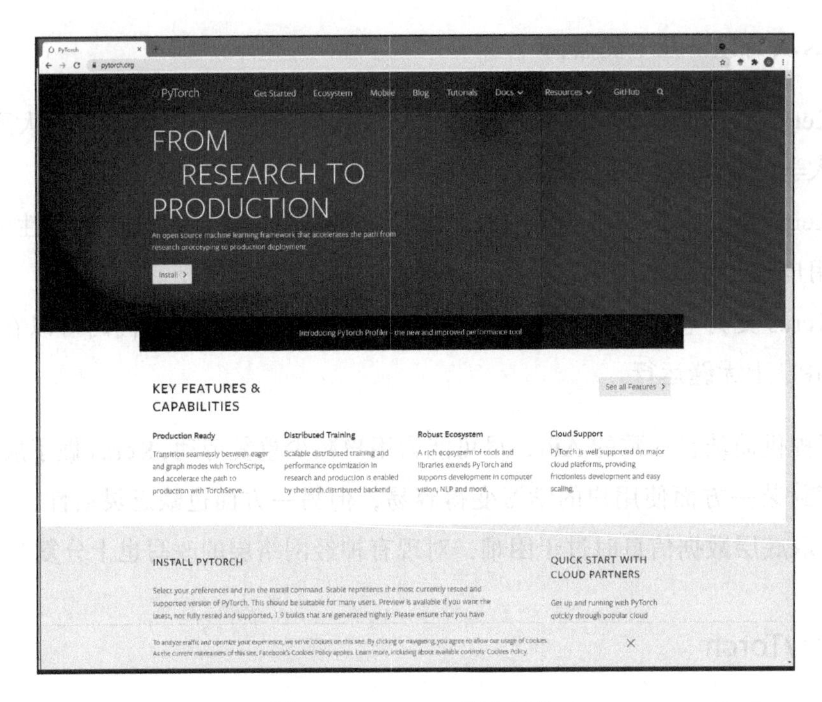

图 5-12 PyTorch 官方网站

PyTorch 的劣势在于生产环境部署存在很大问题。PyTorch 能在学术界一枝独秀，主要是因为“研究”更注重快速实现、验证自己的想法，而不太注重部署的问题。但在业界，部署的快速和稳定是必要的。因此，如果你是一名科研工作者，更倾向于理解模型真正在做什么，那么就考虑选择 PyTorch。

5.4.4 PaddlePaddle

PaddlePaddle 是由百度自主研发的开源深度学习平台，中文名称为“飞桨”，是我国首个开源开放、功能完备的产业级深度学习平台，其官方网址为 paddlepaddle.org.cn，如图 5-13 所示。

PaddlePaddle 于 2016 年 9 月正式宣布开源，这使百度成为继 Google、Meta、IBM 后第四家将 AI 技术开源的公司。作为国内 AI 开源的领头羊，PaddlePaddle 集深度学习核心训练和推理框架、基础模型库、端到端开发套件和丰富的工具组件于一体，主要有以下几个优点：

- ❑ 同时支持动态图和静态图的编程，结合了动态图的易用性和静态图的高性能，使开发者可以兼顾易用性和效率。
- ❑ 针对大规模的工业化场景，提供大规模分布式训练能力，在真正的工业场景中应对自如。
- ❑ 提供非常完备的支持各种硬件的端到端部署能力，使开发者推理、预测的过程足够顺畅。
- ❑ PaddlePaddle 还有大量在产业实践中沉淀出来的模型，并提供官方的支持，能够保证开发者的应用效果是最佳的、真正可靠的。

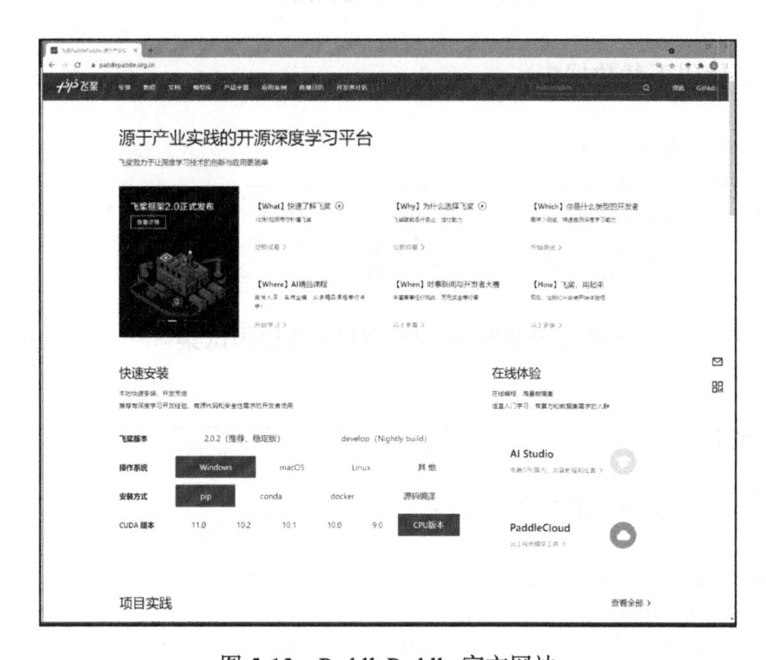

图 5-13　PaddlePaddle 官方网站

因为 Keras 框架最适合初学者使用，所以本书后续章节的实例都基于 Keras 实现。此外，Keras 已经集成到 TensorFlow 中，因此，安装 TensorFlow 框架后，可以直接通过 TensorFlow 使用 Keras。本书后续实例中使用的 TensorFlow 版本为 2.1.0，其具体的安装过程可以参考 TensorFlow 官网，本书不再赘述。

5.5 实例——使用 MLP 实现手写数字识别

5.5.1 数据准备

MNIST 数据集的训练集包含 60 000 条数据，测试集包含 10 000 条数据。每条数据分为图片和标签，图片是 28*28 的像素矩阵，如图 5-14 所示，标签是 0 ～ 9 的 10 个数字。

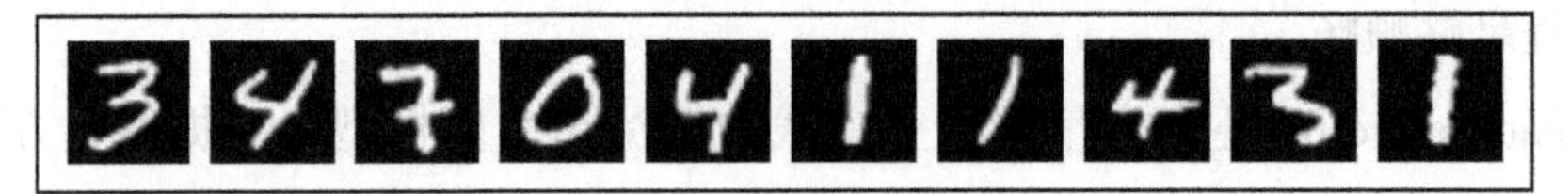

图 5-14　MNIST 数据集样例

使用下面代码下载数据集：

```
import tensorflow as tf
import numpy as np
(x_train, y_train), (x_test, y_test) = tf.keras.datasets.mnist.load_data()
x_train = tf.keras.utils.normalize(x_train, axis=1)
x_test = tf.keras.utils.normalize(x_test, axis=1)
```

x_train 和 x_test 分别用于获取 MNIST 训练集和测试集。

5.5.2 创建 MLP

以下代码定义了一个简单的 MLP：

```
model = tf.keras.Sequential([
    tf.keras.layers.Flatten(),
    tf.keras.layers.Dense(100, activation='relu'),
    tf.keras.layers.Dense(100, activation='relu'),
    tf.keras.layers.Dense(10, activation='softmax')
])
model.build((None,784,1))
model.summary()
```

Flatten 层就是输入层，其作用是将 28 × 28 的图片矩阵展开为一个维度为 784 的向量。MLP 共有三层，两个隐藏层的大小为 100，输出层的大小为 10。由于 MNIST

数据集是手写灰度图像，范围是 0 ～ 9，类别数是 10，因此最终的输出大小是 10。最终输出层使用的是 softmax 激活函数，因此最终输出层等效于分类器。对于输入层，多层感知器的结构为：输入层→隐藏层→隐藏层→输出层。代码运行的结果如图 5-15 所示。从图中可见，第一层的参数个数为 78 500，由 Flatten 层的节点数 784 加上 1 个偏置量，然后乘以第一层神经元的个数 100 计算得出；第二层参数个数为 10 100，由上一层神经元个数 100 加上 1 个偏置量，再乘以第二层神经元个数 100 计算得出；同样的计算方法得到第三层参数的个数为 1010。

```
Model: "sequential"
_________________________________________________________________
Layer (type)                 Output Shape              Param #
=================================================================
flatten (Flatten)            multiple                  0
_________________________________________________________________
dense (Dense)                multiple                  78500
_________________________________________________________________
dense_1 (Dense)              multiple                  10100
_________________________________________________________________
dense_2 (Dense)              multiple                  1010
=================================================================
Total params: 89,610
Trainable params: 89,610
Non-trainable params: 0
_________________________________________________________________
```

图 5-15　MLP 模型结构

5.5.3　模型训练

定义好 MLP 结构之后，使用下面的代码训练模型：

```
model.compile(optimizer='adam', loss='sparse_categorical_crossentropy',
    metrics=['accuracy'])
history = model.fit(x_train, y_train, validation_data=(x_test,y_test), \
    epochs=10, verbose=1)
```

模型的训练使用 Adam 优化器、sparse_categorical_crossentropy（一种交叉熵损失函数）、准确率作为评价指标，总计迭代 10 轮，其运行结果如图 5-16 所示，模型最终的预测准确率为 97.1%。

```
Train on 60000 samples, validate on 10000 samples
Epoch 1/10
60000/60000 [==============================] - 3s 52us/sample - loss: 0.2781 - accuracy: 0.9204 - val_loss: 0.1493 - val_accuracy: 0.954
4
Epoch 2/10
60000/60000 [==============================] - 3s 47us/sample - loss: 0.1149 - accuracy: 0.9644 - val_loss: 0.1162 - val_accuracy: 0.964
1
Epoch 3/10
60000/60000 [==============================] - 3s 46us/sample - loss: 0.0815 - accuracy: 0.9741 - val_loss: 0.1132 - val_accuracy: 0.966
2
Epoch 4/10
60000/60000 [==============================] - 3s 48us/sample - loss: 0.0604 - accuracy: 0.9814 - val_loss: 0.0901 - val_accuracy: 0.971
6
Epoch 5/10
60000/60000 [==============================] - 3s 47us/sample - loss: 0.0470 - accuracy: 0.9851 - val_loss: 0.0944 - val_accuracy: 0.972
1
Epoch 6/10
60000/60000 [==============================] - 3s 45us/sample - loss: 0.0382 - accuracy: 0.9875 - val_loss: 0.1001 - val_accuracy: 0.969
9
Epoch 7/10
60000/60000 [==============================] - 3s 46us/sample - loss: 0.0302 - accuracy: 0.9899 - val_loss: 0.0981 - val_accuracy: 0.972
1
Epoch 8/10
60000/60000 [==============================] - 3s 46us/sample - loss: 0.0254 - accuracy: 0.9913 - val_loss: 0.1053 - val_accuracy: 0.973
8
Epoch 9/10
60000/60000 [==============================] - 3s 48us/sample - loss: 0.0215 - accuracy: 0.9929 - val_loss: 0.1055 - val_accuracy: 0.975
0
Epoch 10/10
60000/60000 [==============================] - 3s 46us/sample - loss: 0.0178 - accuracy: 0.9939 - val_loss: 0.1144 - val_accuracy: 0.971
1
```

图 5-16　模型训练过程

5.5.4　模型评价

使用以下代码绘制训练曲线：

```
from matplotlib import pyplot as plt
def plot_graphs(history, string):
    plt.plot(history.history[string])
    plt.plot(history.history['val_'+string])
    plt.xlabel("Epochs")
    plt.ylabel(string)
    plt.legend([string, 'val_'+string])
    plt.show()

plot_graphs(history, "accuracy")
plot_graphs(history, "loss")
```

代码运行结果如图 5-17 所示。

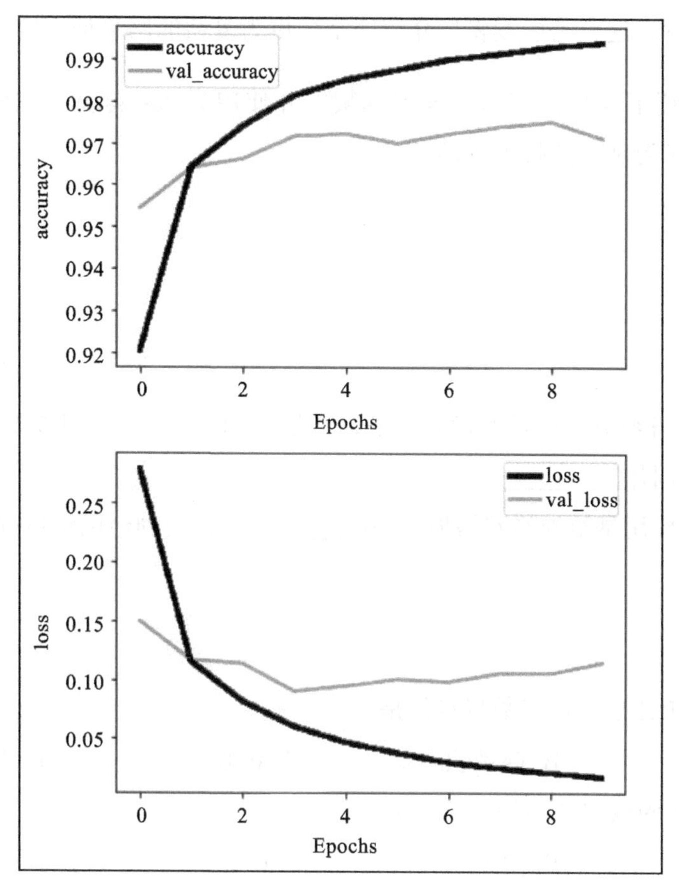

图 5-17　训练曲线

5.6　本章小结

本章介绍的前馈神经网络是一种最简单的神经网络，各神经元分层排列，每个神经元只与上一层的神经元相连，接收上一层的输出，并输出给下一层，各层间没有反馈。如果相邻两层神经元之间为全连接的关系，称该网络为全连接神经网络或多层感知器。前馈神经网络作为深度学习模型的基础和代表，理解它对我们理解其他深度学习模型很有帮助。

本章还介绍了神经网络训练中涉及的概念，包括前向传播、损失函数、反向传播、优化方法等，这也是后续将要介绍的结构更为复杂的网络训练的基础。

最后，介绍了几种主流深度学习框架，并使用Keras实现了一个简单的实例，为后续章节的学习和实践打下基础。

5.7 习题

一、填空题

1. 人工神经网络经历了漫长的发展阶段，最早是20世纪60年代提出的“人造神经元”模型，叫作________。
2. 激活函数的作用是给神经网络加入一些________，使神经网络更好地解决较为复杂的问题。

二、选择题

1. 以下不属于ReLU激活函数特点的是（　　）。

   A. 计算简单　B. 收敛快　C. 导数简单　D. 鲁棒性高
2. Sigmoid激活函数的区间是（　　）。

   A. [–1,1]　B. [0,1]　C. (–1,1)　D. (0,1)

三、简答题

1. 简述什么是激活函数。
2. 简述反向传播的作用。

CHAPTER 6

第6章 词嵌入与词向量

自然语言文本是一种非结构化的数据信息，无法使用计算机直接进行计算。为了能够存储和处理自然语言，通常需要对文本进行向量化，将非结构化的自然语言文本中的词都表示为一个 N 维空间内的点，即一个高维空间内的向量。通过这种方法，可以把自然语言计算转换为向量计算。本章将介绍几种常用的文本向量化方法。

6.1 文本向量化

传统的数据分析任务面向的是结构化数据，如表 6-1 所示学生数据库中的表格。

表 6-1 学生数据库中的表格

学号	姓名	年龄	学院	入学分数
2010010	刘明宇	18	计算机学院	692
2011123	王梦瑶	19	人工智能学院	678
2011124	赵梦琪	19	数学科学学院	670

基于表 6-1 进行数据分析，每个维度的特征都很明确，表格中的每一列就是一个特征，因此，每个样本都可以很容易地使用一个特征向量来表示。

而自然语言文本是非结构化的，文本表示方法的好坏直接影响整个 NLP 系统的性能。因此，研究者们投入大量人力、物力研究文本的表示方法。那么，一个文本经过分词之后被送入某个 NLP 模型之前，该如何表示呢？例如下面这句话：

我们的目标是星辰大海

经过分词、去停用词等操作后，直接向机器学习模型字符串显然是不明智的，不便于模型进行计算和文本之间的比较。我们需要的是一种便于文本之间进行比较和计算的文本表示方式。最容易想到的就是对文本进行向量化。所谓文本向量化，即将文本表示成计算机可识别的实数向量，方便计算机处理。文本向量化的方法主要分为离散表示和分布式表示。

6.2 One-Hot 编码

One-Hot（独热）编码属于离散表示法，在深度学习应用于自然语言处理之前，传统的词表达通常采用 One-Hot 编码。One-Hot 编码的每一个维度都代表语料库中一个独立的词汇，然后用 1 代表某个位置对应的词是存在的，用 0 代表不存在，这是向量化最简单的一种方法。常规操作是先将语料库内所有的词按照出现的顺序排序，再将每个词语对应到相应的下标。下面通过一个例子来简要说明 One-Hot 编码的过程。

例 1　有以下 3 个句子：

1）我爱人工智能
2）我在学习人工智能
3）NLP 是人工智能的重要研究方向

步骤 1：分词。使用分词工具对 3 句话进行分词，得到如下结果：

1）我　爱　人工智能
2）我　在　学习　人工智能
3）NLP　是　人工智能　的　重要　研究方向

步骤 2：构建词典。将出现过的词构建成一个词典，该词典依次包含如下 10 个词：

{ 我，爱，人工智能，在，学习，NLP，是，的，重要，研究方向 }

步骤 3：编码。根据编码规则，每个词对应的 One-Hot 编码如表 6-2 所示。

表 6-2　One-Hot 编码表

词	One-Hot 编码	词	One-Hot 编码
我	[1,0,0,0,0,0,0,0,0,0]	NLP	[0,0,0,0,0,1,0,0,0,0]
爱	[0,1,0,0,0,0,0,0,0,0]	是	[0,0,0,0,0,0,1,0,0,0]
人工智能	[0,0,1,0,0,0,0,0,0,0]	的	[0,0,0,0,0,0,0,1,0,0]
在	[0,0,0,1,0,0,0,0,0,0]	重要	[0,0,0,0,0,0,0,0,1,0]
学习	[0,0,0,0,1,0,0,0,0,0]	研究方向	[0,0,0,0,0,0,0,0,0,1]

步骤 4：生成特征向量。一句话的特征向量即该样本中每个单词的 One-Hot 向量直接相加，这样，例 1 中的 3 句话表示成如下形式：

1）我爱人工智能：[1,1,1,0,0,0,0,0,0,0]。

2）我在学习人工智能：[1,0,1,1,1,0,0,0,0,0]。

3）NLP 是人工智能的重要研究方向：[0,0,1,0,0,1,1,1,1,1]。

至此，我们完成了文本的向量化，可以将其送入机器学习模型进行处理。由以上过程可见，One-Hot 编码的优点是简单、直观、易理解，但也存在着非常明显的缺点。当语料库非常大时，需要建立一个非常大的字典对所有词进行索引编码。例如，如果词典中有 5 万个词，那么每个词就需要 5 万维的向量，而且这些向量是很稀疏的，只有一位为 1，其他位全为 0，这会导致维度灾难。除此之外，采用 One-Hot 编码进行文本向量化还有一个更大的问题，我们来看下面的例子。

例 2　假设在文本样本中包含北京、上海、天津和重庆 4 个词，它们的 One-Hot 编码形式如图 6-1 所示。

北京 [0,0,0,0,0,0,0,1,0,…, 0,0,0,0,0,0,0]
上海 [0,0,0,0,1,0,0,0,0,0,…, 0,0,0,0,0,0,0]
天津 [0,0,0,1,0,0,0,0,0,0,…, 0,0,0,0,0,0,0]
重庆 [0,0,0,0,0,0,0,0,0,0,…, 1,0,0,0,0,0,0]

图 6-1 One-Hot 编码

虽然常识告诉我们，北京、上海、天津和重庆是我国的 4 个直辖市，但是从图 6-1 中无法从它们的 One-Hot 编码中看到这种联系。因此，抛开维度不谈，由于 One-Hot 表征词的方法中每个词都是独立的、正交的，这就导致无法通过 One-Hot 编码计算不同词之间的相似程度。

那么，有没有办法可以解决上述两个问题呢？

6.3 词嵌入

由 6.2 节的介绍可知，在使用 One-Hot 编码表示文本时会造成维度灾难，也无法知道不同词之间的相似程度。为了解决这些问题，研究人员引入了 Word-Embedding 方法，称为词嵌入。其基本思想是将一个维数为所有词的数量的高维空间（One-Hot 形式表示的词）映射到一个维数低得多的连续向量空间中，每个单词或词组被映射为实数域上的向量，就像一个嵌入的过程，因此称为 Word-Embedding。

6.3.1 什么是词嵌入

词嵌入实际上是一类技术，单个词在预定义的向量空间中被表示为实数向量，每个词都映射到一个向量。例如，在一个文本中包含“queen”“king”“man”“woman”等若干词，而这若干单词映射到向量空间中，这些向量在一定意义上可以代表这个词的语义信息，从而达到让计算机像计算数值一样去计算自然语言的目的，如图 6-2 所示。

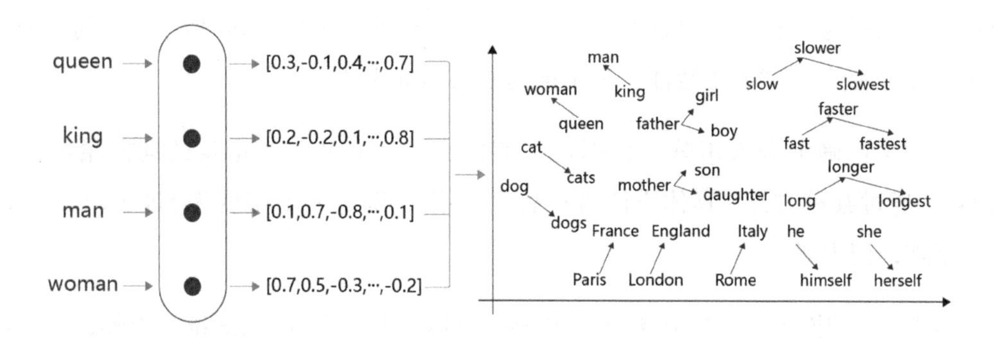

图 6-2　词向量示意图

通过计算这些向量之间的距离，可以计算出词语之间的关联关系。词义更相近的词在空间上的距离也会更接近。词嵌入并不特指某个具体的算法，与 One-Hot 编码方式相比，这种方法有几个明显的优势：

- 可以将文本通过一个低维（例如 128 维、256 维）向量来表达，不像 One-Hot 编码那么长；
- 语意相似的词在向量空间上也会比较相近；
- 通用性很强，可以用在不同的任务中。

6.3.2　词嵌入的实现

在具体实现词嵌入时，实际上是要确定一个嵌入矩阵。假如词汇表中有 5000 个词，每个词使用一个 128 维的向量表示，那么嵌入矩阵就是一个 5000 × 128 维的矩阵。使用 One-Hot 方式对待处理文本进行编码，每个词就是一个维度为 1 × 5000 的向量，将其与嵌入矩阵相乘，即可以得到一个 1 × 128 维的向量，这就是当前词的词向量。下面通过一个例子来说明这一过程。

例 3　假设词典的词汇表中有 5000 个词，要将句子“我　爱　人工智能”表示为一个 128 维的词向量，进行词嵌入的过程如下。

步骤 1：One-Hot 编码。根据词汇表的大小，将“我”“爱”“人工智能”以 One-Hot 方式进行编码，每个词都会被转换为一个 5000 维的向量，那么整个句子就被转

换成一个维度为 3×5000 的矩阵，记为 $\boldsymbol{V}$。这个矩阵有 3 行 5000 列，从上到下分别代表"我""爱"和"人工智能"三个词的 One-Hot 编码。

步骤 2：确定嵌入矩阵。根据词汇表的大小（5000）和指定的词向量的维度（128），通过某种方法（具体方法将在后面介绍），确定一个维度为 5000×128 维的嵌入矩阵，记为 $\boldsymbol{E}$。

步骤 3：词嵌入。将矩阵 $\boldsymbol{V}$ 和 $\boldsymbol{E}$ 相乘，可以得到一个 3×128 维的矩阵，这个矩阵就是"我 爱 人工智能"这句话的嵌入向量。

从以上步骤可知，嵌入矩阵是词嵌入的关键，通过将 One-Hot 编码与嵌入矩阵相乘，可以将高维稀疏矩阵嵌入到一个指定的低维度稠密矩阵中。那么，如何确定嵌入矩阵才能使词向量具有语义信息呢？

6.3.3　语义信息

通常情况下，"苹果"和"橘子"在语义上更加相近，而"香蕉"和"句子"则没有那么相近；同时，"橘子"和"食物""水果"的相似程度可能介于"橘子"和"句子"之间。那么如何让词向量具备这样的语义信息呢？

其实，人类在理解自然语言时，很多时候是通过上下文来理解某个词的含义的，例如以下三句话：

"我很久没用苹果手机了，因为国产手机也很好用。"
"这个苹果是谁咬了一口？"
"小米的质量也不错，运行速度也不比苹果慢。"

通过上下文，可以推断出第一句话中的"苹果"指的是苹果手机，第二句话中的"苹果"指的是水果苹果，而第三句话中的"小米"指的也是一种手机。事实上，在自然语言处理领域，使用上下文描述一个词语或者元素的语义是一个常见且有效的做法。我们可以使用同样的方法训练词向量，让这些词向量具备表示语义信息的能力。2013 年，Google 的 Mikolov 提出的 Word2Vec 算法就是通过上下文来学习语义信息的。

6.4　Word2Vec

Word2Vec 在 2013 年的 NLP 领域最高级别学术会议 ACL（Annual Meeting of the Association for Computational Linguistics）上首次公开亮相。在回答类比问题上，Word2Vec 词嵌入的准确率达到了 45%，大概是 LSA 准确率（11%）的 4 倍。

6.4.1　Word2Vec 简介

作为 Google 的开源项目，Word2Vec 以词嵌入为基础，利用深度学习思想对上下文环境中的词进行预测，经过 Word2Vec 训练后的词向量可以很好地度量词与词之间的相似性。Word2Vec 包含两个经典的训练模型：

- 连续词袋（Continuous Bag-Of-Words，CBOW）模型，通过上下文（输入）预测中心词（输出），可以理解为将一句话中的某个词去掉，需要根据其他词来预测这个词是什么；
- Skip-gram 模型，通过中心词（输入）预测上下文（输出），可以理解为给定一个词，预测这个词的前、后可能出现什么词。

为了更好地理解这两个模型的工作方式，我们来看下面的例子。

例 4　假设有一个句子“I love natural language processing”，两种模型的推理方式如下。

- 在 CBOW 中，先在句子中选定一个中心词，例如选取 natural。选定好中心词后，将 I、love、language、processing 作为中心词的上下文。在训练的过程中，使用上下文的词向量推理中心词，这样中心词的语义就被传递到上下文的词向量中，从而达到学习语义信息的目的。
- 在 Skip-gram 中，我们同样选定 natural 作为中心词，将 I、love、language、processing 作为中心词的上下文。与 CBOW 正好相反，在训练过程中，使用中心词的词向量去推理上下文，这样上下文定义的语义被传入中心词的表示中，从而达到学习语义信息的目的。

两个模型的工作方式如图 6-3 所示。

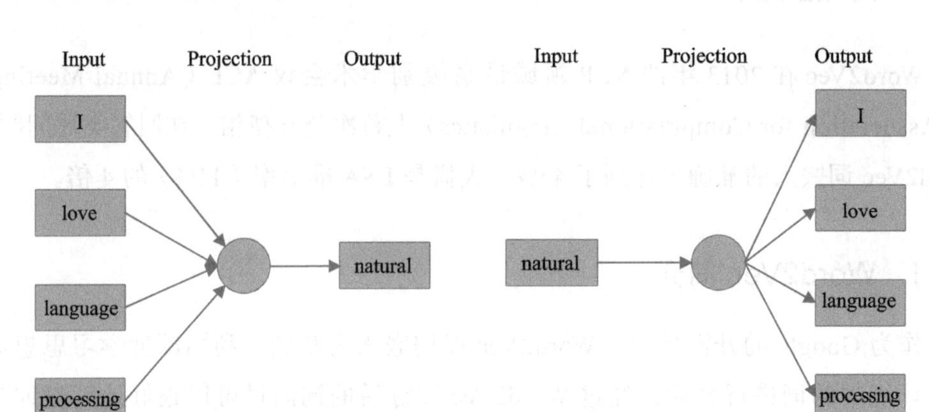

图 6-3　CBOW 和 Skip-gram 工作方式示意图

说明：CBOW 和 Skip-gram 是 Word2Vec 两种不同思想的实现，两者都可以被看作具有 3 层结构的神经网络，这里不介绍具体的算法实现，就算法本身来说，两者并无高下之分。一般来说，CBOW 比 Skip-gram 训练速度快，训练过程更加稳定，在常用词上有更高的精确性；而 Skip-gram 由于网络结构，会产生更多的训练样本，因此更适用于对小型语料库和生僻字的处理。

相较于 One-Hot，Word2Vec 具有以下优点：

- 由于 Word2Vec 会考虑上下文，可以体现词的语义信息；
- 维度更少，所以速度更快；
- 通用性很强，可以用于各种 NLP 任务。

6.4.2　Word2Vec 的应用

词嵌入有两个比较常见的应用：相似度计算和类比推理。

1. 相似度计算

当用 Word2Vec 得到词向量后，一般会用余弦相似度来比较两个词的相似程度，定义为：

$$\cos(\boldsymbol{U},\boldsymbol{V})=\frac{\boldsymbol{U}\cdot\boldsymbol{V}}{\|\boldsymbol{U}\|\|\boldsymbol{V}\|} \tag{6-1}$$

其中，$\boldsymbol{U}$ 和 $\boldsymbol{V}$ 分别是两个词的词向量，该公式求 $\boldsymbol{U}$ 和 $\boldsymbol{V}$ 夹角的余弦值。余弦值越接近 1，夹角越趋于 0°，表示两个向量越相似；而余弦值越接近于 0，夹角越趋于 90°，表示两个向量越不相似。如图 6-4 所示，“香蕉”和“苹果”的语义非常接近，因此夹角接近于 0°，$\cos(\boldsymbol{U}, \boldsymbol{V}) \approx 1$；而“香蕉”和“爱情”相似性较低，因此夹角接近于 90°，$\cos(\boldsymbol{U}, \boldsymbol{V}) \approx 0$。

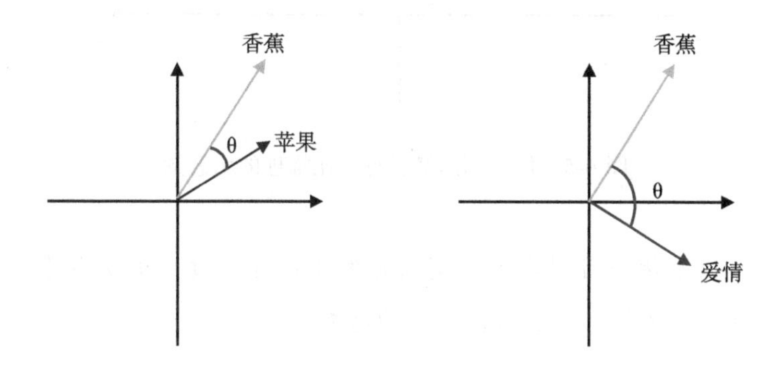

图 6-4　使用词向量计算相似度的示意图

2. 类比推理

词向量除了在语义上相似会被编码到临近区域，还可以进行简单的类比推理，将语义运算映射为向量运算。例如：

1）我们想要知道中国的首都是哪个城市，可以通过词向量运算：

“中国” + “首都” ≈ “北京”

来完成推理，可知中国的首都是北京。

2）我们知道“father”对应“man”，那么“mother”应该对应什么，可以通过词向量运算：

"father" − "man" ≈ "mother" − "woman"

来完成推理，可知如果"man"对应"father"，那么"woman"对应的是"mother"。向量运算示意图如图 6-5 所示。

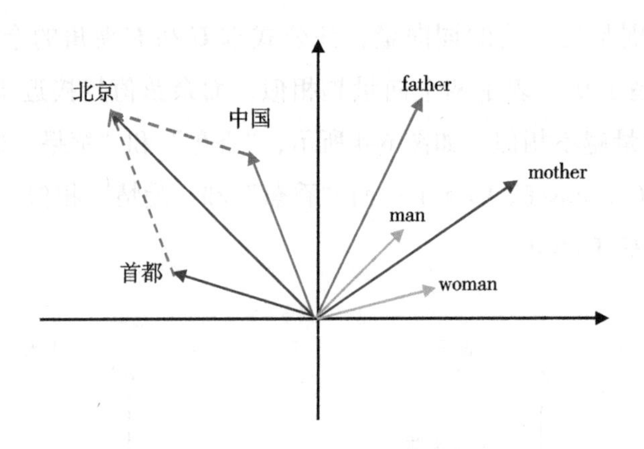

图 6-5　使用词向量进行类比推理的示意图

注意： 通过以上例子可以看到，词向量的相似性超过了语法规律。它只对词向量进行简单运算，就能得出推理的结果。

6.4.3　使用 gensim 包训练词向量

前面介绍了词向量的定义、工作原理和应用，但在实际应用中，我们并不需要自己从头做起，很多公司都提供了预训练好的词向量模型，并且有很多针对各种编程语言的 NLP 库，可以让我们方便地使用这些预训练模型。这里将使用 gensim 库来完成词向量的操作。

gensim 是一款开源的第三方 Python 工具包，用于从原始的非结构化的文本中无监督地学习到文本隐藏层的主题向量表达。它支持 TF-IDF、LSA、LDA、和 Word2Vec 等多种主题模型算法，支持流式训练，并提供了诸如相似度计算、信息检索等一些常用任务的 API 接口。

如果已经安装 nlpia 包，可以直接使用一个预训练 Word2Vec 模型，或者可以根据需要使用特定的预训练模型。这里使用Google提供的在Google新闻文档上预训练的Word2Vec模型，其下载地址为https://github.com/mmihaltz/word2vec-GoogleNews-vectors，模型名称为GoogleNews-vectors-negative300.bin.gz，下载后将其放入本地路径，然后使用gensim包进行加载，代码如下：

```
from gensim.models.keyedvectors import KeyedVectors
word_vectors = KeyedVectors.load_word2vec_format(\'./GoogleNews-vectors-
    negative300.bin.gz', binary=True)
```

可以使用most_similar( )方法来查找给定词向量“Beijing”的最近相邻词，如下所示：

```
word_vectors.most_similar('Beijing', topn=5)
```

结果如图6-6所示。

```
[('China', 0.7648462057113647),
 ('Bejing', 0.761667013168335),
 ('Shanghai', 0.7191922068595886),
 ('Beijng', 0.6974372863769531),
 ('Guangzhou', 0.6878911256790161)]
```

图 6-6　最近相邻词的计算结果

其中，参数topn用来指定相关词的个数。从结果可见，Word2Vec的相似度使用一个连续值，与“Beijing”相似度最高的词是“China”。

下面用gensim包中的similarity( )方法来计算两个词“father”和“mother”的余弦相似度，如下所示：

```
word_vectors.similarity('father', 'mother')
```

运行结果如图6-7所示。

```
0.7901483
```

图 6-7　余弦相似度的计算结果

gensim也可以用来进行类比推理，即在most_similar()方法中添加positive和negative参数，例如要计算“father”–“man”+“woman”≈“mother”，代码如下：

```
word_vectors.most_similar(positive=['father', 'woman'], \ negative=['man'],
    topn=2)
```

其中，参数positive表示待求和的向量列表，而negative表示要做减法的向量列表，运行结果如图6-8所示，从结果可见，最有可能的两个推理结果分别为“mother”和“daughter”。

```
[('mother', 0.8462507128715515), ('daughter', 0.7899606227874756)]
```

图6-8 类比推理计算结果

如果需要在应用中使用词向量，那么可以通过KeyedVector实例进行查询，方法是在实例后加“[]”或使用get()方法，它将返回对应的词向量，类型是一个数组，例如查询“language”对应的词向量，代码如下：

```
word_vectors['language']
```

运行结果是一个1×300的数组，图6-9展示了其中的一部分。

```
array([ 2.30712891e-02,  1.68457031e-02,  1.54296875e-01,  1.27929688e-01,
       -2.67578125e-01,  3.51562500e-02,  1.19140625e-01,  2.48046875e-01,
        1.93359375e-01, -7.95898438e-02,  1.46484375e-01, -1.43554688e-01,
       -3.04687500e-01,  3.46679688e-02, -1.85546875e-02,  1.06933594e-01,
       -1.52343750e-01,  2.89062500e-01,  2.35595703e-02, -3.80859375e-01,
```

图6-9 查询词向量结果

在某些情况下，需要创建面向特定领域或特定应用的词向量模型，此时可以使用gensim包基于特定的语料库训练相应的词向量模型。

6.5 Doc2Vec

虽然Word2Vec表示的词向量不仅压缩了维度，还能够将语义信息注入其中。

但是，当我们需要得到句子或文章的向量表示时，是否有办法能将一个句子甚至一篇短文也用一个向量来表示呢？可以考虑直接将其中所有词的向量取平均值作为句子或者文章的向量表示，但是这样会忽略单词之间的排列顺序对句子或文本信息的影响。受 Word2Vec 的启发，Mikolov 提出了 Doc2Vec 方法，两者的基本思路比较接近。

Doc2Vec 包含两种模型，分别为 PV-DM（Distributed Memory of Paragraph Vectors）和 PV-DBOW（Distributed Bag of Words of Paragraph Vector）。

6.5.1　PV-DM

PV-DM 模型类似于 Word2Vec 中的 CBOW 模型，其框架如图 6-10 所示。

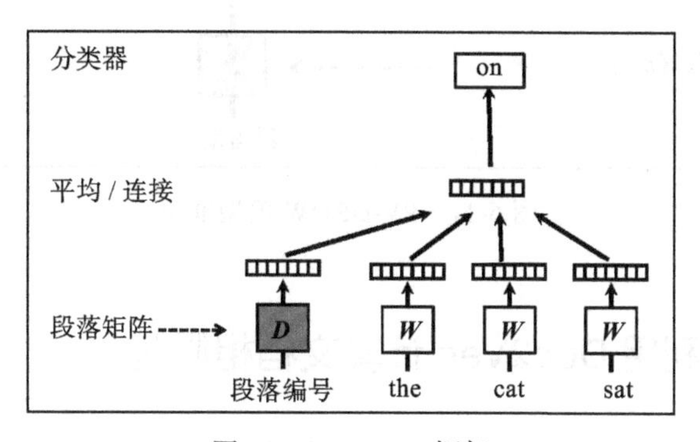

图 6-10　PV-DM 框架

在 Doc2Vec 中，每一个段落用一个向量来表示，用矩阵 ***D*** 的某一列来表示。每一个词也用一个向量来表示，用矩阵 ***W*** 的某一列来表示。每次从一句话中滑动采样固定个数的词，取其中一个词作为预测词，其他词作为输入词。输入词对应的词向量和本句话对应的段落向量作为输入层的输入，将它们相加求平均值或者连接构成一个新的向量，进而使用该向量预测此次窗口内的预测词。与 Word2Vec 不同的是，Doc2Vec 在输入层引入了一个新的段落向量（Paragraph Vector），每次训练时会滑动截取段落中的一部分词来训练，段落向量会参与同一个段落的若干次训练，可以被看作段落的主旨。Doc2Vec 中 PV-DM 模型具体的训练过程和 Word2Vec 中 CBOW 模型的训练方式相同。

6.5.2 PV-DBOW

PV-DBOW是另外一种模型，它忽略输入的上下文，让模型去预测段落中的一个随机单词。该模型的输入是段落向量，在每次迭代时，从文本中采样得到一个窗口，再从该窗口中随机采样一个单词让模型去预测，预测结果作为输出，该模型与Word2Vec中的Skip-gram模型相似，其框架如图6-11所示。

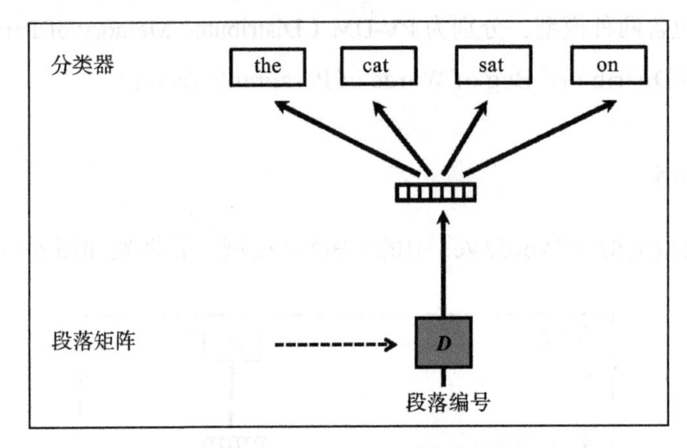

图6-11 PV-DBOW模型框架

6.6 实例——利用Doc2Vec计算文档相似度

与训练词向量类似，可以使用gensim包来训练文档向量。下面使用Doc2Vec来计算中文文档的相似度。

6.6.1 准备语料库

本实例要对中文文档进行对比，因此，我们使用微软亚洲研究院的中文语料库，语料库已经做好分词。

首先，导入所需的库。

```
# coding:utf-8
import sys
```

```
import gensim
import sklearn
import numpy as np
import codecs
import jieba
```

接下来，导入语料库。

```
# 读取语料库
with open("msr_training.txt", 'r') as cf:
    docs = cf.readlines()
    print(len(docs))
print(docs[10])
```

上面的代码首先读取语料库文件，将语料按行读入列表 docs，然后输出 docs 的长度以及随机挑选的一个元素 docs[10]，输出结果如图 6-12 所示。

```
86924
“ 那阵子 ， 条件 虽 艰苦 ， 可 大家 热情 高着 呢 ， 什么 活 都 抢 着 干 ， 谁 都 争 着 多 做 贡献 。
```

图 6-12　读取语料库

从输出结果可见，语料库已经做好分词，下面使用 TaggedDocument 方法为句子列表做标记，因为 Doc2Vec 方法只能处理标记过的句子，代码如下：

```
# 为句子做标记
train_data = []
for i, text in enumerate(docs):
    word_list = text.split(' ')
    l = len(word_list)
    word_list[l-1] = word_list[l-1].strip()
    document = gensim.models.doc2vec.TaggedDocument(word_list, tags=[i])
    train_data.append(document)
```

通过上面的代码，我们将处理过的语料句子存入列表 train_data，将其作为训练数据，接下来开始定义和训练模型。

6.6.2　定义和训练模型

我们使用 gensim 库中的 Doc2Vec 方法建立模型，如下所示：

```
# 定义模型
model = gensim.models.doc2vec.Doc2Vec(train_data, min_count=1, window = 3,
    vector_size = 256, negative=10, workers=4, alpha = 0.001, min_alpha=0.001)
```

其中，min_count 设置字典截断，词频少于 min_count 的词条会被丢弃，默认值为 5，此处设置为 1；window 是一个窗口值，表示当前词与预测词在一个句子中的最大距离；vector_size 用来设置特征向量的维度，默认值为 100，其值越大，需要的训练数据就越多，但效果也会更好；workers 表示训练的并行数；alpha 为初始学习率，随着训练的进行会线性地递减到 min_alpha。

设置好模型的各种超参数后，开始训练模型，代码如下：

```
# 训练模型
model.train(train_data, total_examples=model.corpus_count, epochs=10)
model.save('model_msr')
```

我们使用前面处理好的语料数据 train_data 作为训练数据，total_examples 的值为语料库句子数，将迭代次数 epochs 设置为 10，训练完成后，将模型保存为 model_msr。

训练并保存模型后，接下来使用该模型进行文本相似度的分析。

6.6.3　分析文本相似度

我们通过计算两篇文档向量的余弦相似度来判断文章的相似程度。下面定义计算余弦相似度的函数，代码如下：

```
# 定义计算余弦相似度的函数
def sim_cal(vector_1, vector_2):
    vector1_mod = np.sqrt(vector_1.dot(vector_1))
    vector2_mod = np.sqrt(vector_2.dot(vector_2))
    if vector2_mod != 0 and vector1_mod != 0:
        similarity = (vector_1.dot(vector_2)) / (vector1_mod * vector2_mod)
    else:
        similarity = 0
    return similarity
```

余弦相似度通过计算两个向量之间的夹角余弦值来评估它们的相似度，余弦值

的范围为 [−1, 1]。值越趋近于 1，表示两个向量的方向越接近，文本相似度越高；值越趋近于 −1，表示两个向量的方向越相反，文本相似度越低。

接下来，定义 Doc2Vec 函数，将文档转换为向量，代码如下：

```
# 定义 Doc2Vec 函数
def doc2vec(file_name, model):
    doc = [w for x in codecs.open(file_name, 'r', 'utf-8').readlines() for w
        in jieba.cut(x.strip())]
    doc_vec_all = model.infer_vector(doc)
    return doc_vec_all
```

我们从不同的网站上下载两则体育新闻，将其保存为文本文件 web_text1.txt 和 web_text2.txt，使用下面的代码查看网页文档：

```
# 查看文档 1
f = open("web_text1.txt", "r", encoding="utf-8")
web_text = f.read()
print(" 网页文本 1: ")
print(web_text)
print()
f.close()
# 查看文档 2
f = open("web_text2.txt", "r", encoding="utf-8")
web_text = f.read()
print(" 网页文本 2: ")
print(web_text)
f.close()
```

两个文档的内容如图 6-13 所示。

从图 6-13 可见，两个文档虽然不完全相同，但主题介绍的都是东京奥运会延期举办的通告，相似度较高，下面使用前面训练的 Doc2Vec 模型计算两个文档的相似度，观察计算结果是否能够正确反映文档的相似度，代码如下：

```
# 计算文档相似度
model = gensim.models.doc2vec.Doc2Vec.load('model_msr')
p1 = 'web_text1.txt'
p2 = 'web_text2.txt'
p1_doc2vec = doc2vec(p1, model)
```

```
p2_doc2vec = doc2vec(p2, model)
print(sim_cal(p1_doc2vec, p2_doc2vec))
```

网页文本 1:
北京时间3月30日消息，东京奥组委与国际奥委会官宣，2020年东京奥运会将延期至2021年7月23日星期五举行，东京残奥会延期至2021年8月24日。

国际奥委会发文：国际奥林匹克委员会（IOC）、国际残奥会（IPC）、东京2020年组织委员会、东京都政府和日本政府今天商定了2021年第32届奥林匹克运动会的新日期。 东京奥运会将在2021年7月23日至8月8日举行，东京残奥会将在2021年8月24日至9月5日举行。

东京2020年奥运会组委会和残奥会组委会、东京都、日本政府和国际奥委会达成协议，由于新型冠状病毒的影响，同意东京奥运会和残奥会分别于明年7月23日、明年8月24日开始。

近几届奥运会都保持着周五进行奥运会开幕式的传统，同时于第三周的周日进行闭幕式。延期的东京奥运会也延续了这个传统。

在国际奥委会官宣前，日本TBS率先爆料东京奥运会将于2021年7月23日举行，随后多家日本电视台和媒体都跟进报道。

网页文本 2:
国际奥委会（IOC）、国际残奥委会（IPC）、东京2020奥组委、东京都政府以及日本政府今天就将于2021年举行的第三十二届夏季奥运会新开幕日期达成共识。2020年东京奥运会将于2021年7月23日至8月8日举行。2020年东京残奥会新开幕日期同时确定，将于2021年8月24日至9月5日举行。

今天，多方领导举行电话会议，就2020年东京奥运会和残奥会新办赛日期达成共识。参加会议主要人员包括国际奥委会主席托马斯·巴赫、东京2020奥组委主席森喜朗、东京都知事小池百合子、奥运会和残奥会大臣桥本圣子。

今天的决定本着以2020年3月17日国际奥委会执委会原则出发，基于三点主要考量作出，在今天的会议上最终确认。三点主要考量得到所有国际夏季奥林匹克运动联合会（IFs）和所有国家奥委会（NOCs）的支持：

1. 保护运动员和所有参与者的健康，为遏制COVID-19病毒尽力。

2. 保护运动员和奥林匹克运动的利益。

3. 全球国际运动时间表。

新开赛日期最大限度地给予健康卫生权威机构和所有奥运会参与组织时间，以应对COVID-19全球大流行所带来的不断变化的局面，及其产生的影响。新开赛日期在2020年东京奥运会原定日期整整一年后举行（奥运会原定于2020年7月24日至8月9日举行，残奥会原定于2020年8月25日至9月6日举行），同样能够助力将奥运会延期对于国际运动时间表造成的影响降到最低，保证运动员和国际运动联合会的利益。此外，新日期给资格赛的举行提供了充分时间。针对2020年举行奥运会采取的防暑措施将会保留。

早在2020年3月24日的视频会议中，基于WHO提供的信息，国际奥委会主席托马斯·巴赫和日本首相安倍晋三就2020年东京奥运会将会完整举办且最晚不晚于2021年夏天达成共识。日本首相安倍晋三强调日本政府已经做好了履行成功举办奥运会职责的准备。与此同时，国际奥委会主席托马斯·巴赫强调，国际奥委会将会完全致力于2020年东京奥运会的成功举办。

做出今天的决定后，国际奥委会主席巴赫先生表示："我要感谢国际运动联合会的一致支持和大洲国家奥委会协会的伟大合作精神，以及过去几天他们在咨询过程中提供的支持。我还要感谢一直（和我们）保持联系的国际奥委会运动员委员会。今天的宣布过后，我相信在同东京2020奥组委、东京都政府、日本政府以及所有利益相关方的共同合作下，我们可以应对这一前所未有的挑战。目前人类处在昏暗的通道中。2020年东京奥运会、残奥会能够在通道的另一头点亮。"

国际残奥委会主席安德鲁·帕森斯表示："我们能如此快速地确定2020年东京奥运会及残奥会的日期，这是非常好的消息。新日期能让运动员们安心、让利益相关方安心，同时也让全世界能有所期待。当明年残奥会确实在东京举行的时候，它将成为对人类团结一致的特殊的展现、对人类坚韧的全球庆祝、以及令人激动的对运动的展示。现在距离2020年东京残奥会还有512天，在这段前所未有的困难时期里，对于所有参与残疾人奥林匹克运动的人来说最重要的是和亲友一起保持健康平安。"

图 6-13　两个用来比较的文档的内容

上面的代码首先使用 load 方法读取模型 model_msr，然后使用 doc2vec 函数分别计算两个文档的文档向量，最后通过 sim_cal 函数计算两个向量的相似度，其输出结果为：

```
0.91790277
```

由结果可见，计算得到的两个文档的相似度约为 0.9179，表明两个文档的相似度较高，这也与实际情况相符。读者可以尝试使用更大的语料库（例如 wiki 中文语料库）来训练模型，并调整模型参数，对比效果；也可以选择多个文档进行比较，以检验模型的效果。

6.7　本章小结

本章介绍了什么是词向量，以及如何使用词向量和面向向量的推理来解决一些有意思的问题，例如类比问题和词之间的关系。

大家可以参考本章的代码，使用其他语料库或者自己的语料库来训练 Word2Vec，使用 gensim 来构建自己的词向量表，完成相应的自然语言处理任务。

6.8　习题

一、填空题

1. 文本向量化就是将文本表示为一系列能够表达________的向量，是文本表示的一种重要方式。
2. Word2Vec 是________的开源项目，其特点是将所有的词向量化，这样词与词之间就可以定量度量。

二、选择题

1. 以下可以作为 One-Hot 编码的是（　　）。

   A. 000　　B. 001　　C. 011　　D. 101

2. 以下哪一项不属于文本向量化的分布式表示方法（　　）？

   A. Word2Vec　　B. NNLM　　C. TF-IDF　　D. CBOW

三、简答题

1. 简述什么是词嵌入。
2. 简述 Word2Vec 有哪几种训练模型。

CHAPTER 7

第7章 卷积神经网络与自然语言处理

卷积神经网络（Convolutional Neural Network，CNN）是一种由一个或多个卷积层构成的前馈神经网络，它具有局部连接、权重共享等特性，主要用于解决计算机视觉的各种问题，例如图像分类、人脸识别、物体识别、图像分割等，其准确率远远超出了其他神经网络模型。近年来，卷积神经网络广泛应用于自然语言处理领域。

本章将介绍卷积神经网络的基本概念，以及如何使用卷积神经网络处理 NLP 问题。

7.1 卷积神经网络简介

7.1.1 深层神经网络用于图像处理存在的问题

在 CNN 出现之前，图像处理对于人工智能来说是一个难题，因为使用全连接前馈网络来处理图像时，存在参数过多和局部不变特性的问题。

1. 参数过多

计算机中存储的图像是由像素构成的，每个像素又是由颜色构成的。如图 7-1 所示，图片大小为 1000 × 1000 像素，颜色通道数为 3，即 RGB 三个通道，分别为 R（红色）、B（蓝色）、G（绿色）通道。

图 7-1　计算机中的图片

如果使用全连接前馈神经网络来处理这张图片，输入层需要有 1000 × 1000 × 3 = 3000000（3M）个神经元。假设第一个隐藏层有 100 个神经元，由于是全连接网络，每个神经元到输入层都会有 3M 个连接，而每个连接都对应一个权重参数，因此第一个隐藏层的参数个数为 3M × 100=300M。同时，随着层数的增加，参数的规模也会急剧增加，这将导致整个神经网络的训练效率非常低，如图 7-2 所示。

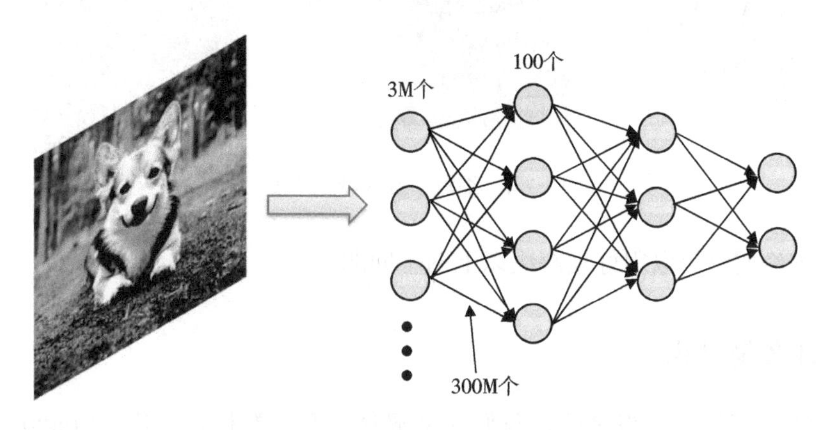

图 7-2　全连接网络处理图片示意图

2. 局部不变特性

自然图像中的物体都有局部不变特性。如图 7-3 所示，两朵鸢尾花虽然出现在图像的不同区域，但其特征是相同的，这就是平移不变特性。

图 7-3 平移不变特性

除平移不变特性之外，图像的缩放、旋转等操作也不会影响其语义信息，如图 7-4 所示。全连接前馈神经网络很难提取这些局部不变特性。

图 7-4 缩放、旋转特征不变

卷积神经网络可以很好地解决以上两个问题。

7.1.2 什么是卷积

在介绍卷积神经网络之前，我们先来解释什么是卷积。卷积（Convolution）也叫褶积，是数学分析中的一种积分变化方法，在图像处理中采用的是卷积的离散形式。这里需要说明的是，卷积神经网络中的卷积与数学分析中的卷积定义有所不同，卷积层的实现方式实际上是数学中定义的互相关（Cross-Correlation）运算，可以将其理解为使用一个可视化的窗口在一个区域内滑动，这个可视化窗口称为卷积核。具体的计算过程如图 7-5 所示。

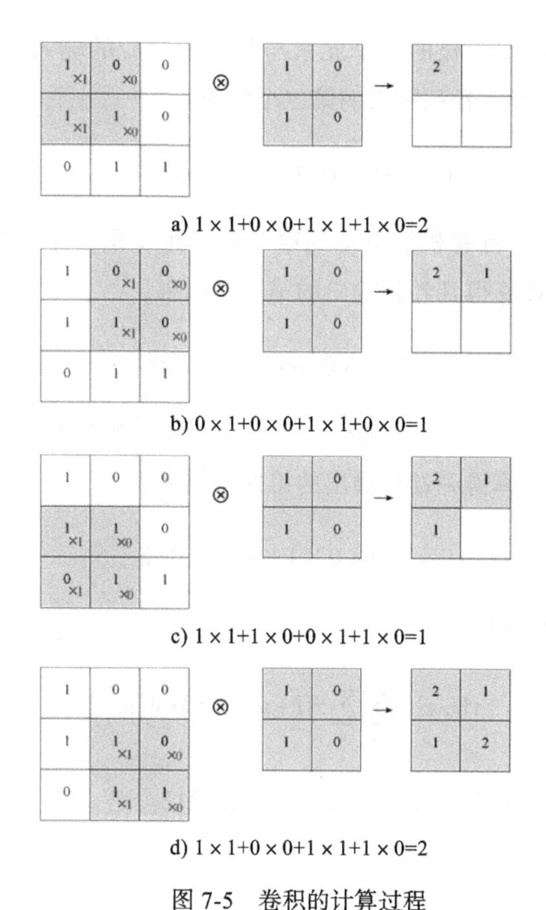

a) $1\times1+0\times0+1\times1+1\times0=2$

b) $0\times1+0\times0+1\times1+0\times0=1$

c) $1\times1+1\times0+0\times1+1\times0=1$

d) $1\times1+0\times0+1\times1+1\times0=2$

图 7-5　卷积的计算过程

卷积计算过程如下。

1）如图 7-5a 所示，左边的图大小是 3×3，表示输入数据是一个 3×3 的二维数组；中间的图大小是 2×2，表示一个 2×2 的二维数组，我们将这个二维数组称为卷积核或滤波器。先将卷积核的左上角与输入数据的左上角（即输入数据的 (0, 0) 位置）对齐，把卷积核的每个元素与其位置对应的输入数据中的元素相乘，再把所有乘积相加，得到卷积输出的第一个结果：

$$1\times1+0\times0+1\times1+1\times0=2$$

2）如图 7-5b 所示，将卷积核向右滑动一格，让卷积核左上角与输入数据中的

(0,1) 位置对齐，同样将卷积核的每个元素与其位置对应的输入数据中的元素相乘，再把这 4 个乘积相加，得到卷积输出的第二个结果：

$$0\times1+0\times0+1\times1+0\times0=1$$

3）如图 7-5c 所示，将卷积核滑动到第二行，让卷积核左上角与输入数据中的 (1, 0) 位置对齐，可以计算得到卷积输出的第三个结果：

$$1\times1+1\times0+0\times1+1\times0=1$$

4）如图 7-5d 所示，将卷积核向右滑动一格，让卷积核左上角与输入数据中的 (1, 1) 位置对齐，可以计算得到卷积输出的第四个结果：

$$1\times1+0\times0\times1\times1+1\times0=2$$

卷积核的计算公式如下：

$$y[i,j]=\sum_{u}\sum_{v}x[i+u,j+v]\bullet w[u,v] \tag{7-1}$$

其中，y 为卷积的输出，x 为输入的图像，w 为卷积核参数。

7.1.3 填充

在上面的例子中，输入图片的尺寸为 3×3，使用一个 2×2 的卷积核，每次移动一个像素，经过卷积计算后，输出图片的尺寸变为 2×2。如果按照这种方式，经过多次卷积后，输出图片的尺寸会不断减小。因此，为了避免卷积后图片尺寸变小，通常会采用“填充”策略，即在输入数据的外部边缘添加足够多的数据，使边缘上的第一个数据点可以被视为内部数据点进行处理，如图 7-6 所示。

在图 7-6 中，填充的大小为 1，填充值为 0。填充之后，输入数据的维度从 3×3 变为 5×5，使用 2×2 的卷积核，1 作为步长，经过卷积计算后的输出维度仍为 3×3，尺寸不变。

0	0	0	0	0
0	1	0	0	0
0	1	1	0	0
0	0	1	1	0
0	0	0	0	0

图 7-6　填充

7.1.4　步长

在计算卷积的过程中，卷积核移动的距离也是一个参数，称为步长（Stride）。一般情况下，步长不会超过卷积核的宽度。

7.1.5　什么是卷积神经网络

现在我们已经知道卷积的概念了，那么什么是卷积神经网络呢？卷积神经网络其实就是用卷积层来代替全连接网络中的全连接层，然后对每层的卷积输出用非线性激活函数做转换。根据卷积计算的定义，卷积层有如下两个性质。

1. 局部连接

在传统的全连接前馈神经网络里，每个神经元都会连接到下一层的每个神经元上。而 CNN 则是对输入层进行卷积运算得到输出，卷积层中的每一个神经元都只和下一层中某个局部窗口内的神经元相连，这就不是“全连接”而是“局部连接”，如图 7-7 所示，这将会大大减少参数的数量。

2. 权重共享

作为参数的卷积核对于这一层上所有的神经元都是相同的，如图 7-7 所示，所有相同颜色连接上的权重是相同的。可以将权重共享理解为一个卷积核只捕捉输入数据中的一种特定的局部特征。因此，如果要提取多种特征，就需要使用多个不同的卷积核。

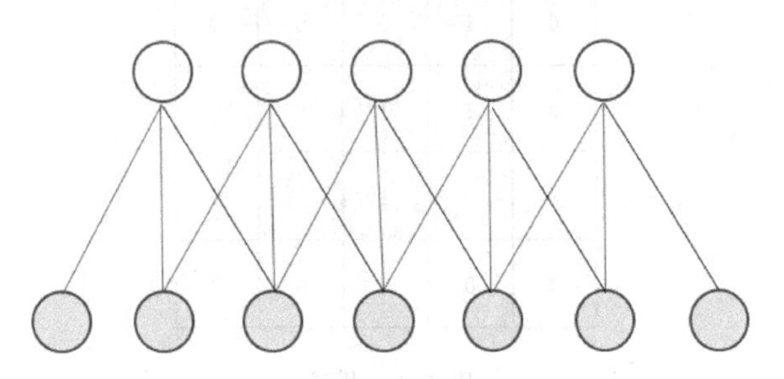

图 7-7　卷积层结构示意图

7.2　应用卷积神经网络解决自然语言处理问题

以上针对 CNN 的讨论都是有关图像的问题，而我们的目标是自然语言，因此下面来讨论如何使用 CNN 来解决 NLP 问题。

7.2.1　NLP 中的卷积层

在自然语言处理中，多数任务的输入都不是图片像素，而是词、句子或者文档。由于词与词之间的相对垂直关系可以是任意的，只取决于页面的宽度，因此它们的关联信息主要体现在“水平”方向上。

注意： 对于某些从上到下、从右到左阅读的语言，例如许多采用竖向排版的日语文学书籍和中国古典文学书籍，以上的概念同样适用，只是此时要处理的是“垂直”关系而不是“水平”关系。

前面介绍的应用于图像处理的 CNN 使用的是二维卷积核，而在自然语言处理中，关注的则是词条在一维空间维度中的关系，所以做的是一维卷积，如图 7-8 所示的文本采用了 1×4 的卷积核。

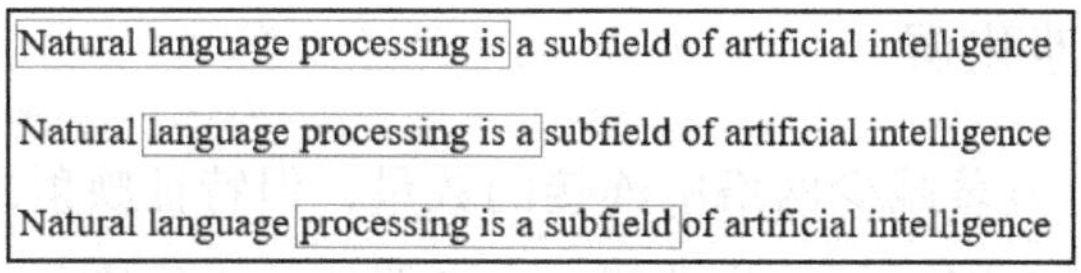

Natural language processing is a subfield of artificial intelligence
Natural language processing is a subfield of artificial intelligence
Natural language processing is a subfield of artificial intelligence

图 7-8　一维卷积

然而，这里所说的一维卷积有可能会对大家产生一些误导。之所以这样说，是因为在使用神经网络处理 NLP 问题时，通常会使用词嵌入（如 Word2Vec）的方法将文本转换为词向量（一般为 100 ～ 500 维），因此，可以将文本想象为“图像”，如图 7-9 所示。一个维度（此处为高度）是文本中词的个数，另一个维度（此处为宽度）就是词向量的长度。

在图像处理中，卷积核会在图像的局部区域上滑动。但是在 NLP 中，我们通常使用的卷积核会滑过整个单词，即卷积核的“宽度”（width）通常就是词向量的长度，而高度可能会有所不同（通常在 2 ～ 5 之间），通过这样的方式，能够捕捉到多个连续词之间的特征，并且能够在计算同一类特征时共享权重。因此，虽然卷积核是二维的，如图 7-9 所示，但我们只需要确定其高度，并且只在从上到下这一个维度上滑动。

输入（词向量）
Natural 0.93 0.63 0.66 0.62 0.96
language 0.87 0.05 0.43 0.64 0.75
processing 0.03 0.44 0.70 0.31 0.28
is 0.08 0.51 0.48 0.20 0.27
a 0.98 0.43 0.62 0.81 0.31
subfield 0.48 0.64 0.07 0.40 0.27
of 0.35 0.58 0.54 0.76 0.66
artificial 0.80 0.58 0.22 0.51 0.71
intelligence 0.16 0.86 1.00 0.57 0.04
卷积核（3 × 5）
w_0 w_1 w_2 w_3 w_4
w_5 w_6 w_7 w_8 w_9
w_{10} w_{11} w_{12} w_{13} w_{14}
滑动（卷积）
输出层
y_1
y_2
y_3
y_4
y_5
y_6
y_7

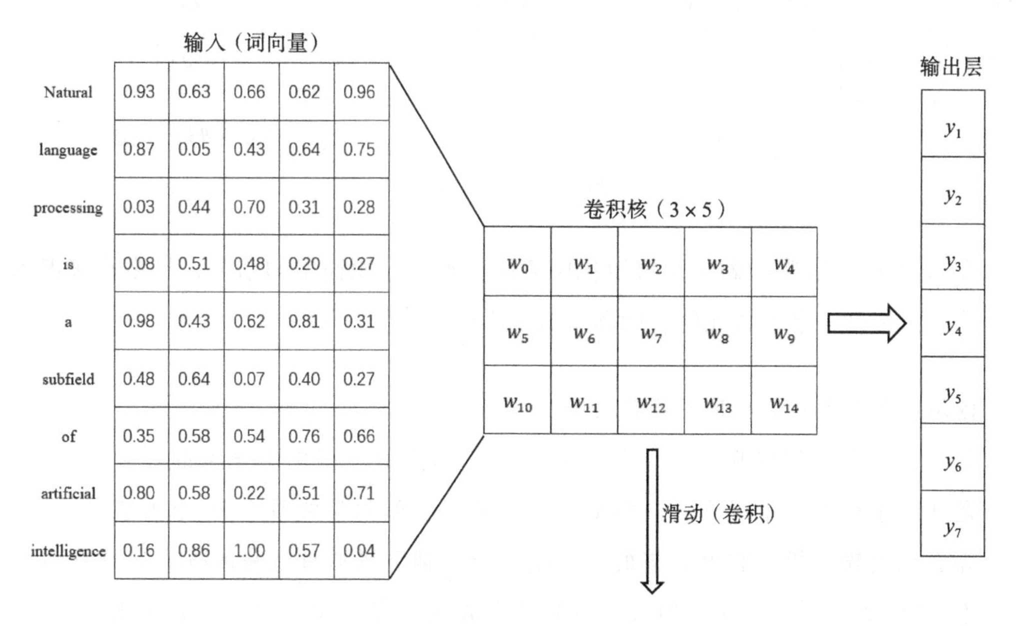

图 7-9　NLP 中的卷积运算

7.2.2 NLP 中的池化层

卷积层虽然可以显著减少网络中连接的数量，但特征映射组中的神经元个数并没有显著减少。如果后面接一个分类器，分类器的输入维度依然很高，很容易出现过拟合。为了解决这个问题，可以在卷积层之后加一个池化（Pooling）层，从而降低特征维度，避免过拟合。

池化是卷积神经网络中的一种降维方法，它经常被放在卷积层之后，池化层是对上一层卷积层的子采样。池化通常分为最大池化和平均池化。平均池化比较直观，就是通过计算子集的平均值保留最多的数据信息。最大池化（Max Pooling）则是取给定区域中的最大值，希望通过这个方法保留对应片段中最突出的特征。二维最大池化如图 7-10a 所示。

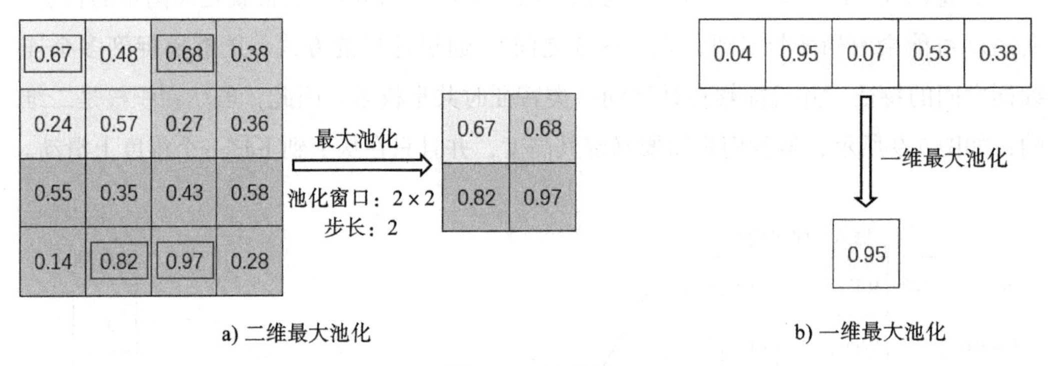

图 7-10　池化层

在 NLP 中，通常的做法是将池化层应用于整个卷积输出的结果，最终直接得到一个数字，称为一维最大池化，如图 7-10b 所示。

提示：我们为什么要使用池化层呢？
第一，池化层可以保证输出的矩阵维度是固定的。在文本分类的任务中，通常要求输出的维度固定。例如，如果我们在卷积层使用了 20 个卷积核，那么无论输入矩阵和卷积核的维度是多少，都可以通过池化的方式得到一个 20 维的向量。这使我们可以应对不同长度的句子和不同大小的卷积核，但总是得到一个相同维度的输出结果，用于最后的分类。

第二，池化层可以实现降维，同时能保证重要的信息被保留下来。虽然直观上看，池化会丢失大量数据，但事实证明，这是学习源数据高阶表示的一种有效途径。卷积核可以通过这种方式发现词与相邻词之间关系中存在的模式。

7.2.3 NLP 中 CNN 的基本架构

自然语言处理中的 CNN 网络架构通常包括输入层、卷积层、池化层、输出层。例如，图 7-11 展示了在文本分类中使用的一种网络架构。在该架构中，卷积层包含 4 个卷积核（左起第 2 列），会产生 4 个卷积后的输出（左起第 3 列），经过池化层后，每个卷积的结果将变为 1 个值（左起第 4 列），并将这 4 个值合并成一个向量（最后 1 列），最终经过分类器得到一个分类的结果。

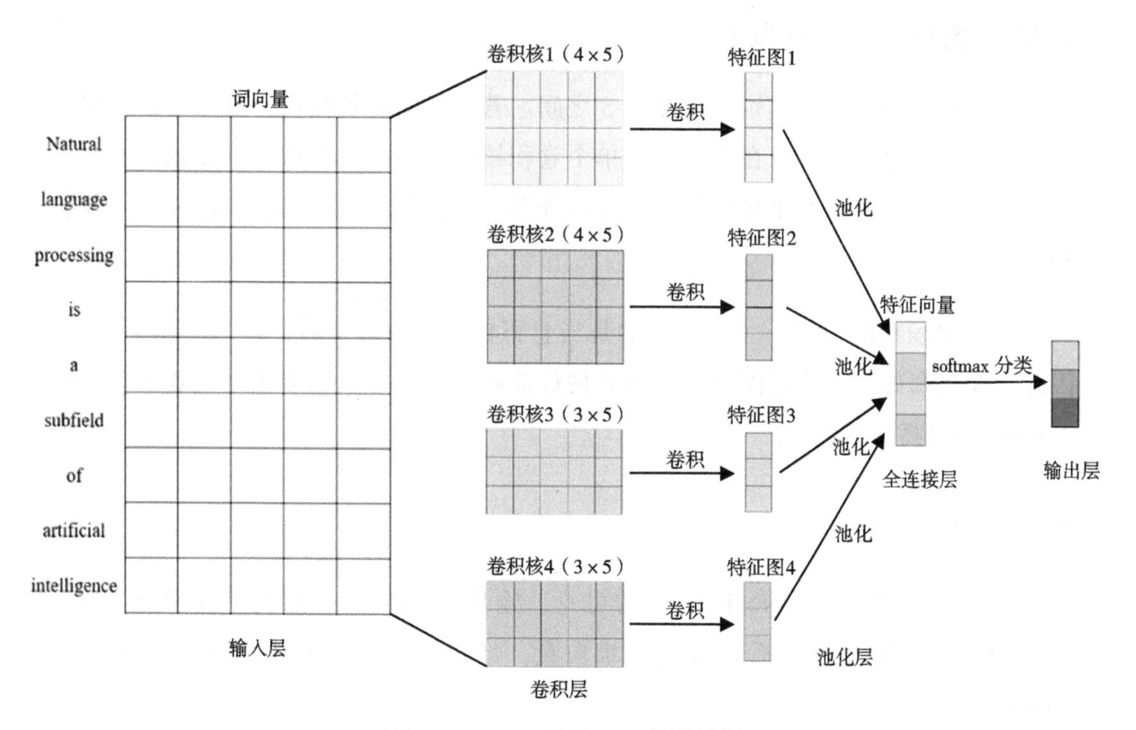

图 7-11　CNN 处理 NLP 架构示例

7.3 CNN 在应用中的超参数选择

超参数是指在开始训练之前就确定好的参数，而不是通过训练得到的数据。通常情况下，需要根据具体问题对超参数进行优化，以提高学习的性能和效果。在 CNN 架构中需要设置的超参数主要包括激活函数、卷积核的大小和个数、池化策略、损失函数、优化方法、学习率等。

7.3.1 激活函数

CNN 中的卷积核提供的是线性特征，因此，需要使用激活函数为网络加入非线性。第 5 章中介绍了几种常见的激活函数，例如 Sigmoid、Tanh、ReLU 等。Sigmoid 和 Tanh 函数在实际应用中存在计算速度慢和梯度消失的问题，因此，我们通常选择 ReLU 作为激活函数对卷积层的输出进行激活。

7.3.2 卷积核的大小和个数

卷积核大小合理的值范围在 2 ～ 5 之间。若语料的句子较长，可以考虑使用更大的卷积核。另外，可以在找到最佳单个卷积核的大小后，尝试在该卷积核的大小值附近寻找其他合适值来进行组合。实践证明，这样的组合效果往往比单个最佳卷积核的效果更好。

至于卷积核的个数，主要考虑的是当卷积核的个数增加时，训练时间会加长，因此需要权衡好。当特征图数量增加到使性能降低时，可以加强正则化效果，如将 dropout 率提高到 0.5 以上。

7.3.3 dropout 层

由图 7-11 所示的 CNN 网络架构可见，输出前的最后一层是一个全连接层，该层的输入为池化操作后形成的一维向量，经过激活函数输出。通常会再加上 dropout 层。

当训练一个深度神经网络时，可以随机丢弃一部分神经元（同时丢弃其对应的连接边）来避免过拟合，这种方法称为 dropout。通常情况下，对于隐藏层的神经元，其 dropout 率设为 0.5 时效果最好，这对大部分网络和任务都比较有效。当 dropout 率为 0.5 时，在训练时有一半神经元被丢弃，只剩余一半的神经元是可以激活的，随机生成的网络结构最具多样性。

对于输入层的神经元，其 dropout 率通常设为更接近 0 的数，使输入变化不会太大。对输入层神经元进行丢弃时，相当于给数据增加噪声，以此来提高网络的鲁棒性。

7.3.4 softmax 分类器

在图 7-11 所示的文本分类任务中，在将最大池化的结果拼接为一个向量后，会将其送入 softmax 分类器，获得最终的分类结果。对于二分类任务来说，我们可以采用第 5 章介绍的 Sigmoid 函数来实现；而对于多分类任务，则可以使用 softmax 函数进行分类。

softmax 函数又称为归一化指数函数，它能将一个包含任意实数的 K 维向量 $\boldsymbol{Z}$ “压缩”到另一个 K 维实向量 $\sigma(\boldsymbol{Z})$ 中，使每一个元素的范围都在 (0, 1) 之间，并且所有元素的和为 1。该函数通常按下面的式子给出：

$$\sigma(\boldsymbol{Z}_j)=\frac{\mathrm{e}^{\boldsymbol{Z}_j}}{\sum_{k=1}^{K}\mathrm{e}^{\boldsymbol{Z}_k}} \tag{7-2}$$

可以看出，每个元素的 softmax 值就是该元素的指数与所有元素指数的和的比值。在多分类任务中，类别标签 $y\in\{1, 2, \cdots, K\}$ 可以有 K 个取值，给定一个样本 x，softmax 函数预测的属于类别 k 的条件概率为：

$$p(y=k\mid\boldsymbol{x})=\text{softmax}(\boldsymbol{w}_k^{\mathrm{T}}\boldsymbol{x})=\frac{\mathrm{e}^{\boldsymbol{w}_k^{\mathrm{T}}\boldsymbol{x}}}{\sum_{k=1}^{K}\mathrm{e}^{\boldsymbol{w}_k^{\mathrm{T}}\boldsymbol{x}}} \tag{7-3}$$

其中，$\boldsymbol{w}_k$ 是第 k 类的权重向量。图 7-12 所示为 softmax 计算实例。

$$\begin{bmatrix}5\\2\\-1\\3\end{bmatrix} \xrightarrow{\text{softmax}} \begin{bmatrix}0.842\\0.042\\0.002\\0.114\end{bmatrix}$$

图 7-12　softmax 计算实例

softmax 的决策函数可以表示为：

$$\hat{y} = \underset{k \in K}{\arg\max}\, p(y = k \mid \boldsymbol{x}) = \underset{k \in K}{\arg\max}\, \boldsymbol{w}_k^{\mathrm{T}} \boldsymbol{x} \qquad (7\text{-}4)$$

从式（7-4）可知，样本 $\boldsymbol{x}$ 的预测类别输出为 softmax 值最大的分类。

7.4　实例——使用 CNN 实现新闻文本分类

下面通过一个实例来说明如何使用卷积神经网络实现新闻文本分类任务。

7.4.1　准备数据

首先，导入实例所需的库：

```
import csv
import tensorflow as tf
import numpy as np
from tensorflow.keras.preprocessing.text import Tokenizer
from tensorflow.keras.preprocessing.sequence import pad_sequences
from nltk.corpus import stopwords
import nltk
```

实例数据采用的新闻存储在 csv 类型的数据文件中，因此需要导入 csv 库进行处理。

NLTK 是自然语言处理中常用的工具包，全称为 Natural Language Toolkit。下面通过 NLTK 工具包加载停用词表，代码如下：

```
# 加载停用词
STOPWORDS = set(stopwords.words('english'))
print(STOPWORDS)
```

代码输出结果如图 7-13 所示，结果列出了所有停用词，后续会从文本中去除所有停用词。

```
{'only', 'ain', 'doesn', 'a', 'more', "wouldn't", 'their', 'between', 'her', 'these', 'itself', "shouldn't", 'shan', 'both', 'll', "tha
t'll", 'through', 'being', 'own', 'under', 'shouldn', 'why', 'couldn', 'himself', 'than', 'too', 'by', "wasn't", 'aren', "won't", "were
n't", "haven't", 'all', 'on', 'we', 'an', 'down', "mightn't", "you'll", 'will', "doesn't", 'so', 'don', 've', 'him', 'ourselves', 'she',
'or', 'are', 'does', "shan't", 'from', 'with', 'not', 'isn', "mustn't", 'further', 'just', 'to', 'me', 'm', 'while', 'after', 'during',
'were', 'yourself', 'in', 'hasn', "she's", 'about', "you're", 'no', "couldn't", 'hers', 'he', 'most', 'didn', 'won', 'there', 'ma', 'd',
'at', 'once', 'is', 'do', 'such', "didn't", 'you', 'am', 'been', 'themselves', 'nor', "aren't", 'very', 'its', "you'd", 'wasn', 'was',
'for', 'his', 'now', 'here', 'i', 're', 'mightn', 'against', 'below', 'same', 'until', 'herself', 'yourselves', 'but', 'whom', 'have',
'then', 'can', 'each', 'needn', 'hadn', 's', 'those', "hadn't", 'myself', 'haven', "you've", 'theirs', 'off', 'few', 'mustn', 'my', 'b
e', 'when', 'o', 'how', 't', 'has', 'into', 'and', 'it', 'yours', "it's", 'the', "hasn't", 'our', 'if', 'any', 'some', "isn't", 'had',
"should've", 'doing', 'who', 'this', 'above', 'over', 'ours', 'they', 'other', 'because', "don't", 'up', 'did', "needn't", 'out', 'wher
e', 'that', 'your', 'before', 'should', 'having', 'of', 'weren', 'as', 'which', 'wouldn', 'what', 'y', 'again', 'them'}
```

图 7-13 停用词

接下来，从 bbc-text.csv 文件中读取数据和分类标签，同时删除文档中的停用词，代码如下：

```
# 读取文档
articles = []
labels = []
with open("bbc-text.csv", 'r') as csvfile:
    reader = csv.reader(csvfile, delimiter=',')
    next(reader)
    for row in reader:
        labels.append(row[0])
        article = row[1]
        for word in STOPWORDS:
            token = ' ' + word + ' '
            article = article.replace(token, ' ')
            article = article.replace(' ', ' ')
        articles.append(article)
print(len(articles),len(labels))
print("新闻内容: ",articles[1])
print("分类标签: ",labels[1])
```

数据文档供包括 2225 条记录，我们随机挑选一条记录输出其内容和对应的分类标签，输出结果如图 7-14 所示。

```
2225 2225
新闻内容: worldcom boss  left books alone  former worldcom boss bernie ebbers  accused overseeing $11bn (拢5.8bn) fraud  never made acc
ounting decisions  witness told jurors.  david myers made comments questioning defence lawyers arguing mr ebbers responsible worldcom pr
oblems. phone company collapsed 2002 prosecutors claim losses hidden protect firm shares. mr myers already pleaded guilty fraud assistin
g prosecutors.  monday  defence lawyer reid weingarten tried distance client allegations. cross examination  asked mr myers ever knew mr
ebbers  make accounting decision  .  aware  mr myers replied.  ever know mr ebbers make accounting entry worldcom books  mr weingarten
pressed.   replied witness. mr myers admitted ordered false accounting entries request former worldcom chief financial officer scott su
llivan. defence lawyers trying paint mr sullivan  admitted fraud testify later trial  mastermind behind worldcom accounting house cards.
mr ebbers  team  meanwhile  looking portray affable boss  admission pe graduate economist. whatever abilities  mr ebbers transformed wor
ldcom relative unknown $160bn telecoms giant investor darling late 1990s. worldcom problems mounted  however  competition increased tele
coms boom petered out. firm finally collapsed  shareholders lost $180bn 20 000 workers lost jobs. mr ebbers  trial expected last two mon
ths found guilty former ceo faces substantial jail sentence. firmly declared innocence.
分类标签: business
```

图 7-14 记录的数量、内容及分类标签

下面对文本进行分词并创建词典，代码如下：

```
# 创建词典
vocab_size = 5000
oov_tok = '<OOV>'
tokenizer = Tokenizer(num_words = vocab_size, oov_token=oov_tok)
tokenizer.fit_on_texts(articles)
word_index = tokenizer.word_index
dict(list(word_index.items())[0:10])
```

上面的代码使用 Tokenizer 的 fit_on_texts 方法创建词典，词典的大小设置为 5000，超出这 5000 个词的范围标记为 <OOV>，即 Out Of Vocabulary（超出词典范围）的缩写。然后显示词典的前 10 项，如图 7-15 所示。

```
{'<OOV>': 1,
 'said': 2,
 'mr': 3,
 'would': 4,
 'year': 5,
 'also': 6,
 'people': 7,
 'new': 8,
 'us': 9,
 'one': 10}
```

图 7-15 词典前 10 项

接下来使用词典将文档转换为数字序列，代码如下：

```
# 将文本转换为数字序列
text_sequences = tokenizer.texts_to_sequences(articles)
print(text_sequences[0])
```

通过上面的代码将文本转换为数字序列后，输出第一条记录，结果如图 7-16 所示。

```
[88, 165, 1144, 1206, 48, 1108, 726, 1, 77, 1060, 4253, 137, 173, 4112, 1331, 1297, 1584, 41, 7, 935, 88, 1, 316, 84, 19, 14, 130, 3114,
1316, 2506, 563, 406, 1263, 65, 2948, 3031, 1743, 8, 880, 740, 10, 940, 1, 9, 641, 1567, 1039, 401, 1986, 1206, 763, 48, 488, 1487, 210
1, 1643, 125, 320, 114, 2730, 803, 1, 1074, 595, 10, 4399, 3833, 880, 2565, 137, 338, 173, 4112, 1, 1, 38, 66, 3203, 25, 9, 1, 18, 1384,
135, 441, 7, 128, 1385, 74, 4583, 474, 1, 88, 1039, 79, 1, 75, 2102, 56, 1, 88, 6, 1109, 606, 77, 1060, 88, 1957, 138, 149, 407, 9, 286
4, 40, 139, 1207, 77, 1060, 4400, 7, 474, 1, 3115, 6, 2679, 1, 399, 1083, 1, 1363, 602, 1332, 2067, 1, 741, 9, 488, 1487, 2101, 125, 190
4, 397, 881, 2068, 1609, 37, 1807, 2566, 4981, 1, 2507, 238, 9, 2620, 75, 804, 6, 1075, 1120, 139, 783, 564, 1, 126, 25, 1384, 1808, 43
2, 82, 941, 109, 19, 14, 18, 3383, 1, 36, 1443, 1, 22, 36, 91, 349, 2380, 36, 451, 230, 2068, 1364, 328, 1, 313, 804, 1121, 18, 2621, 18
07, 1, 284, 720, 1163, 401, 2030, 387, 399, 2030, 2, 1298, 1, 1807, 1841, 63, 1, 1, 1782, 320, 1809, 3384, 1187, 401, 42, 843, 257, 294
9, 353, 56, 558, 397, 2, 1, 1, 656, 1299, 194, 88, 3978, 88, 97, 41, 7, 339, 401, 79, 935, 1, 88, 1206, 397, 488, 9, 881, 2507, 11, 40,
1, 837, 532, 390, 1842, 165, 559, 1, 131, 7, 339, 79, 935, 1188, 1083, 1488, 355, 61, 2031, 1249, 772, 86, 249, 286, 1017, 74, 598, 355,
2567, 720, 1316, 2287, 1658, 1, 3834, 3204, 1, 1083, 2030, 174, 382, 1545, 79, 56, 558, 106, 1144, 3, 1, 961, 92, 3205, 1, 2335, 1, 105,
754, 422, 427, 2, 3, 1, 2622, 406, 1489, 43, 79, 412, 32, 8, 1017, 880, 1, 2565, 30, 4254, 88, 1711, 838, 77, 1060, 88, 1957, 1, 30, 8,
1505, 1, 1, 4113, 1459, 4253, 633, 1, 3835, 1109, 559, 4114, 3203, 10, 897, 633, 65, 1, 1333, 1, 1, 88, 1460, 993, 1, 1, 573, 4115, 10,
9, 235, 2101, 88, 125, 1, 98, 633, 3032, 1, 65, 486, 697, 2462, 3835, 1, 3501, 390, 4781, 38, 4583, 1, 88, 1765, 697, 283, 113, 274, 279
4, 331, 642, 65, 3979, 747, 3724, 1, 152, 1, 397, 7, 74, 1766, 1039, 810, 860, 81, 595, 3116, 1365, 1567, 1, 1659, 7, 935, 79, 79]
```

图 7-16　将文本转换为数字序列

下面要对序列进行截断或填充，将其变为等长的序列，代码如下：

```
# 填充和截断
max_length = 200
padding_type = 'post'
trunc_type = 'post'
padded_sequences = pad_sequences(text_sequences, maxlen=max_length,
    padding=padding_type, truncating=trunc_type)
print(len(text_sequences[0]))
print(len(padded_sequences[0]))
print(len(text_sequences[1]))
print(len(padded_sequences[1]))
print(padded_sequences[1])
```

上面的代码将序列的最大长度设置为 200，不足 200 个词的用 0 来补充，超过 200 词的只取前 200 个词，结果如图 7-17 所示。

```
425
200
192
200
[1610  596  239 1629 1403  118 1610  596    1 1644  647    1    1 1987
 1810  742  281   27 2145 1264 4401   22    1  321    1   27  791 4255
  844 1865 3836    3 1644 1423 1610  370  155   47 4256  613 2248  589
 1843 3033 1189   63  285    3    1  105 2795 1164  742    1 2248  442
  844 1568 4982    1 1250 2431 3502 1767  871    1  445    3    1  360
 1461    3 1644   21 2145  187 1569    3    1 3837  360  174    3 1644
   21 2145 1866 1610 1629    3    1    1 3837 4401    3    1  748 2508
 2069 2145 4116 3385  118 1610  113  305 1585 1680 1300  844 1865  482
    1    3 1300  748  742    1  247  545    1  361 1610 2145  272  657
    3 1644  143  721  307    1    1  596    1    1    1 1424 2288    1
    3 1644    1 1610    1 4584    1 1643  607 3614    1  554 2204 1610
  370    1   93  489  889 1643 2796    1  570   63 1611 4256 1129  230
    1  264   32  749  230  391    3 1644  545   94   12   15  109  195
 1164  118    1 1145 2950 1958 2103 4782 2381    1    0    0    0    0
    0    0    0    0]
```

图 7-17　序列的填充和截断

处理完数据后，我们要将数据划分为训练集和测试集，代码如下：

```
# 划分数据集
training_portion = 0.8
train_size = int(len(articles) * training_portion)
train_sequences = padded_sequences[0: train_size]
train_labels = labels[0: train_size]
validation_sequences = padded_sequences[train_size:]
validation_labels = labels[train_size:]
print(len(train_sequences))
print(len(train_labels))
print(len(validation_sequences))
print(len(validation_labels))
```

我们将 80% 的数据用于训练，20% 的数据用于测试。划分后的训练集和测试集分别有 1780 条和 445 条数据。

下面用同样的方法将标签转换成数字，代码如下：

```
# 将标签转换为数字
label_tokenizer = Tokenizer()
label_tokenizer.fit_on_texts(labels)
word_index = label_tokenizer.word_index
print(np.unique(labels))
print(dict(list(word_index.items())))
training_label_seq = np.array(label_tokenizer.texts_to_sequences(train_labels))
validation_label_seq = np.array(label_tokenizer.texts_to_sequences
    (validation_labels))
print(train_labels[0],training_label_seq[0])
print(train_labels[1],training_label_seq[1])
print(training_label_seq.shape)
print(validation_labels[0],validation_label_seq[0])
print(validation_labels[1],validation_label_seq[1])
print(validation_label_seq.shape)
```

上面的代码将标签转换为数字，其输出结果如图 7-18 所示。

由结果可见，文档共分为 5 类，分别为 sport（体育）、business（商业）、politics（政治）、tech（科技）和 entertainment（娱乐），对应的数字分别为 1、2、3、4 和 5。

准备好数据后，下面开始定义和训练模型。

```
['business' 'entertainment' 'politics' 'sport' 'tech']
{'sport': 1, 'business': 2, 'politics': 3, 'tech': 4, 'entertainment': 5}
tech [4]
business [2]
(1780, 1)
entertainment [5]
tech [4]
(445, 1)
```

图 7-18　将标签转换为数字

7.4.2　定义和训练模型

下面开始构建卷积神经网络模型，代码如下：

```
# 定义模型
embedding_dim = 64
model = tf.keras.Sequential([
    tf.keras.layers.Embedding(vocab_size, embedding_dim),
    tf.keras.layers.Conv1D(256, 3, padding='same', strides=1, activation='relu'),
    tf.keras.layers.GlobalMaxPooling1D(),
    tf.keras.layers.Dense(embedding_dim, activation='relu'),
    tf.keras.layers.Dropout(0.5),
    tf.keras.layers.Dense(6, activation='softmax')
])
model.summary()
```

上面的代码使用 Keras 中的 Sequential 方法构造序贯模型，这是最简单的线性结构，是多个网络层的先行堆叠。其中：

- 第一层是嵌入层，使用 Embedding 方法实现词嵌入，将 5000 维的单词索引嵌入 64 维的词向量中。
- 第二层使用 Conv1D 方法实现一维卷积，卷积核的数量为 256 个，卷积核的大小为 3，采用“same”方式进行填充（输入和输出大小一致），步长设置为 1，激活函数是 ReLU。
- 第三层是一个最大池化层 GlobalMaxPooling1D。
- 第四层是一个全连接层，使用 Dense 方法实现，激活函数也是 ReLU。
- 第五层是一个 dropout 层，dropout 率设置为 0.5，以防止过拟合。
- 第六层是一个全连接层，使用 softmax 分类器输出最后的分类。这里需要注意的是，我们的标签共有 5 类，但这里设置的输出分类数是 6，这是因为分类标签从 1 开始，而分类结果从 0 开始，所以要多设置一个输出分类。

使用 summary 方法显示网络结构，如图 7-19 所示。

```
Model: "sequential_2"
_________________________________________________________________
Layer (type)                 Output Shape              Param #
=================================================================
embedding_2 (Embedding)      (None, None, 64)          320000
_________________________________________________________________
conv1d_2 (Conv1D)            (None, None, 256)         49408
_________________________________________________________________
global_max_pooling1d_2 (Glob (None, 256)               0
_________________________________________________________________
dense_4 (Dense)              (None, 64)                16448
_________________________________________________________________
dropout_2 (Dropout)          (None, 64)                0
_________________________________________________________________
dense_5 (Dense)              (None, 6)                 390
=================================================================
Total params: 386,246
Trainable params: 386,246
Non-trainable params: 0
_________________________________________________________________
```

图 7-19　网络结构可视化

设置好网络模型后，开始训练，代码如下：

```
# 训练模型
model.compile(loss='sparse_categorical_crossentropy', optimizer='adam',
    metrics=['accuracy'])
num_epochs = 10
history = model.fit(train_sequences, training_label_seq, epochs=num_epochs,
    validation_data=(validation_sequences, validation_label_seq), verbose=2)
```

模型采用交叉熵损失函数 sparse_categorical_crossentropy，该方法不要求输出为 One-Hot 编码，Adam 优化方法可以动态地调整学习率。经过 10 轮迭代，训练集上的准确率可以达到 0.9961，测试集的准确率可以达到 0.9506（每次的训练结果可能略有不同）。

最后，我们对模型的训练过程进行简单的可视化，代码如下：

```
# 训练过程可视化
from matplotlib import pyplot as plt
def plot_graphs(history, string):
    plt.plot(history.history[string])
    plt.plot(history.history['val_'+string])
```

```
    plt.xlabel("Epochs")
    plt.ylabel(string)
    plt.legend([string, 'val_'+string])
    plt.show()
plot_graphs(history, "accuracy")
plot_graphs(history, "loss")
```

可视化结果如图 7-20 所示。

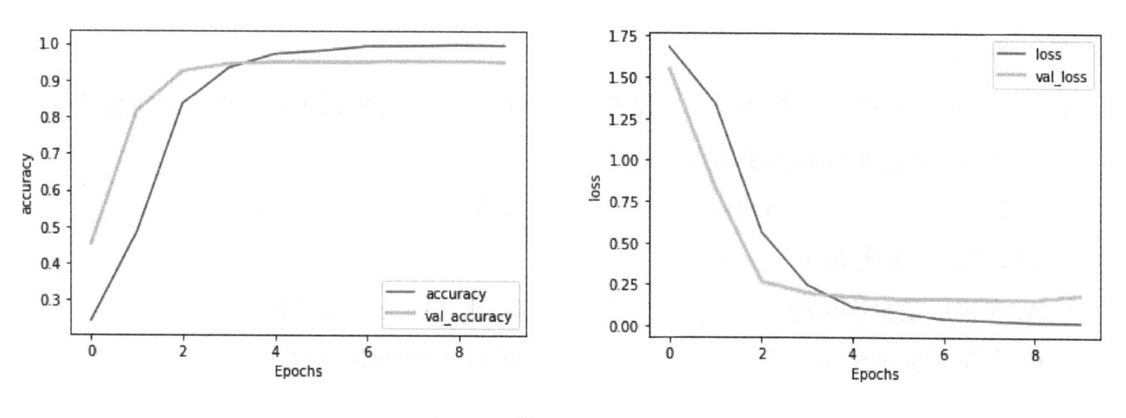

图 7-20 模型训练的可视化

大家可以尝试调整模型的结构和超参数，并对比训练结果。

7.5 本章小结

卷积神经网络是受生物学上感受野机制的启发而提出的，通常被认为属于 CV 领域，用于计算机视觉方向的工作。2014 年，Yoon Kim 对 CNN 的输入层做了一些变形，提出了文本分类模型 TextCNN，该模型具有模型简单、训练速度快的优点。

本章的实例演示了一个文本分类任务的完整过程：从加载数据到生成词典，从文本转换到预处理，以及拆分数据集、构建模型、设置超参数、训练模型和可视化。这为其他自然语言处理的应用打下了基础。

7.6 习题

一、填空题

1. 在 CNN 中使用________来减少过拟合。
2. 完成每个卷积核计算后就得到一个列向量，代表该卷积核从句子中提取出来的________。

二、选择题

1. 在使用 CNN 进行文本分类时，设卷积核纵向上包含的单词个数为 2，词向量的维度为 4，则卷积核的大小为（　　）。

   A. 2　　B. 4　　C. 6　　D. 8

2. 以下说法正确的是（　　）。

   A. 卷积层是全连接的　　B. 池化层是全连接的

   C. 全连接层是全连接的　　D. 以上说法都不对

三、简答题

1. 简述什么是池化。
2. 简述 dropout 的作用。

CHAPTER 8

第8章

循环神经网络与自然语言处理

第7章介绍了如何使用卷积神经网络处理自然语言文本，我们可以通过设置一个共享权重的卷积核，并对词向量进行卷积运算来处理文本序列中的邻近词，使彼此相邻的概念对网络产生重大的影响。虽然CNN可以处理自然语言，但实际上这并不是它所擅长的领域。因为自然语言处理属于时间序列（简称时序）问题，例如，我们使用口语进行交流时，就是在处理长度不确定的连续输入流，即使在处理书面文本时，虽然理论上可以任意访问所有元素，但通常也会按照词的顺序对其进行处理。由于CNN属于前馈神经网络，其中信息的传递是单向的，每次输入都是独立的，输出只依赖于当前的输入，因此它不具备利用“先前知识”的特性，但时序问题的处理不仅和当前时刻的输入有关，还和过去一段时间的输入相关，例如下面这句话：

小明和小强吵架，我批评了他。

句子中的“他”指代谁，需要根据对上下文的理解来确定，这就要求网络能够记住之前输入的信息。

虽然通过设置卷积核的宽度可以使CNN在处理信息过程中考虑一定感知域内的信息，但文本的处理需要依赖更大范围的信息。因此，当处理与时序数据相关的问题时，就需要一种能力更强的可以利用“先前知识”的模型，这就是本章要介绍的循环神经网络（Recurrent Neural Network，RNN）。

8.1 循环神经网络的基本结构

循环神经网络也经常被翻译为递归神经网络。这里为了区别于另外一种递归神经网络（Recursive Neural Network），我们使用循环神经网络这个叫法。

我们知道，在自然语言中，一个词所表达的含义很少是完全独立的，它会受其他词的影响或者影响其他词，例如以下这两句话：

他用偷来的钱买了一所大房子。

他用赚来的钱买了一所大房子。

这两个句子的结构和所用的词汇几乎完全相同，唯一的区别是“偷来”和“赚来”这两个形容词不同，但也正是这个出现在句子前部的区别大大影响了我们阅读这两句话后的感受。为了利用这些历史信息，我们需要让网络能够“记住”之前某些时刻发生的事情，循环神经网络就是一类具有“短期记忆”能力的神经网络。RNN 通过使用带自反馈的神经元能够处理任意长度的时序数据。图 8-1 给出了循环神经网络的示意图。

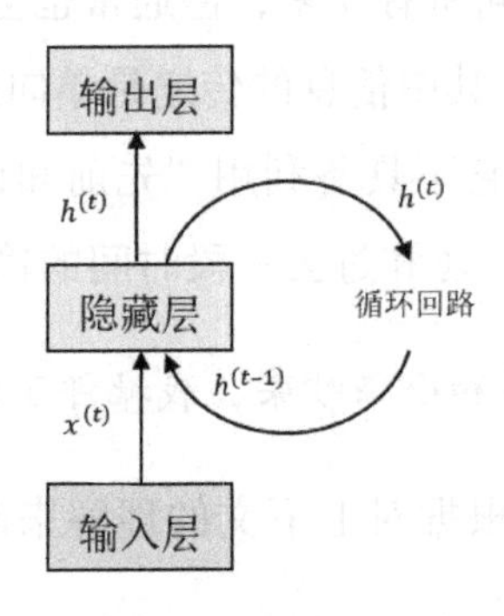

图 8-1　循环神经网络

从图 8-1 中可以看出，隐藏层中的单个神经元增加了一个循环回路，并维护一个基于时间的隐藏状态向量 $h^{(t)}$。在 t 时间步，模型接收输入 $x^{(t)}$，并通过下面的公式将隐藏状态 $h^{(t-1)}$ 更新为 $h^{(t)}$：

$$h^{(t)} = f(\boldsymbol{W}x^{(t)} + \boldsymbol{U}h^{(t-1)}) \tag{8-1}$$

其中，$\boldsymbol{W}$、$\boldsymbol{U}$ 为权重矩阵，而 f 是非线性激活函数。与前馈神经网络相比，这里多了一个 $\boldsymbol{U}h^{(t-1)}$ 项，表示 $t-1$ 时间步的隐藏状态 $h^{(t-1)}$ 会作为 t 时间步的输入。

此外，$h^{(t)}$ 也可以直接用作输出，表示为如下形式：

$$y^{(t)} = g(\boldsymbol{V}h^{(t)}) \tag{8-2}$$

其中，$\boldsymbol{V}$ 为权重矩阵，g 是非线性激活函数。我们将式（8-1）和式（8-2）进行合并，可以将 t 时间步的输出按照时间展开为如下形式：

$$\begin{aligned} y^{(t)} &= g(\boldsymbol{V}h^{(t)}) \\ &= g(\boldsymbol{V}f(\boldsymbol{W}x^{(t)} + \boldsymbol{U}h^{(t-1)})) \\ &= g(\boldsymbol{V}f(\boldsymbol{W}x^{(t)} + \boldsymbol{U}f(\boldsymbol{W}x^{(t-1)} + \boldsymbol{U}h^{(t-2)}))) \\ &= g(\boldsymbol{V}f(\boldsymbol{W}x^{(t)} + \boldsymbol{U}f(\boldsymbol{W}x^{(t-1)} + \boldsymbol{U}f(\boldsymbol{W}x^{(t-2)} + \boldsymbol{U}h^{(t-3)})))) \\ &= \cdots \end{aligned} \tag{8-3}$$

如果把每个时刻的状态都看作前馈神经网络的一层，可以将循环神经网络看作在时间维度上共享权重的神经网络，给定一个输入序列 $x^{(1)}, x^{(2)}, x^{(3)}, \cdots, x^{(T)}$，参照式（8-3），可以将循环神经网络按时间展开的形式表示为图 8-2。

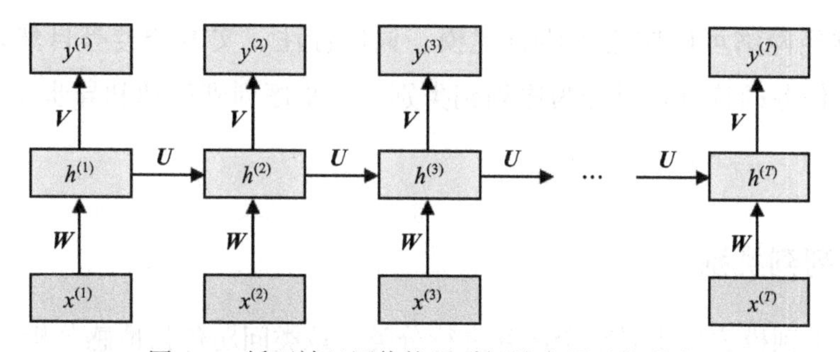

图 8-2　循环神经网络按照时间维度展开的形式

从图 8-2 可以看到，在 T 时间步的输出 $y^{(T)}$ 中包含 $x^{(T)}$，$x^{(T-1)}$，$x^{(T-2)}$，$\cdots$，$x^{(1)}$，即包含前面的所有输入，这种方式使循环神经网络具备了“记忆”的能力，相当于拥有了存储装置。

注意： 此处提到的时间步与单独的数据样本不是同一个概念。时间步是指同一份样本数据分解成更小的、可以随时间变化的单元。而单个数据样本，无论大小，仍然是文本的一部分，例如一小段微博或一条商品评价。在使用循环神经网络处理自然语言文本时，首先仍然要进行分词，但与之前不同的是，会按照语序将词条一个一个地输入，而不是一次性输入，每输入一个词条，就对应一个时间步。我们也可以将时间步简单地理解为词条序列的下标。

图 8-2 所示为只具有一个隐藏层的循环神经网络，称为简单循环网络（Simple Recurrent Network，SRN）。需要注意的是，这些按时间展开的网络其实是同一个网络的不同快照，因此具有相同的一组权重 ***W*** 应用于每个输入向量，这与一般的前馈神经网络相同。与前馈神经网络不同的是，循环神经网络还有一组额外的权重 ***U*** 应用于前一时刻隐藏层的输出。通过对 ***U*** 的训练，可以学习将多少权重分配给“过去”的事件。

8.2 循环神经网络应用于自然语言处理

循环神经网络可以应用于语言建模、词性标注、文本分类等自然语言处理的任务，按照任务的特点可以分为序列到类别、同步序列到序列和异步序列到序列等模式。

8.2.1 序列到类别

序列到类别模式是指对整个序列进行分类，该类问题包括情感分析、主题分类、垃圾邮件检测等。在所有的这些应用中，输入为文本序列，输出为几种类别之一。

在序列到类别的应用中，需要将待分类的文本进行分词，然后按顺序将词送入 RNN，每个时间步生成一个新的隐藏层，最后一个时间步的隐藏层的状态作为整个序列的分类结果。例如下面这句话：

这家餐厅的菜很好吃。

使用 RNN 对其进行情感分析的过程如图 8-3 所示。

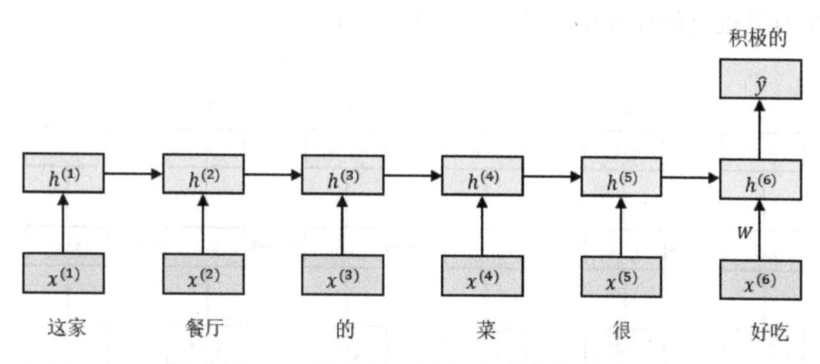

图 8-3　使用 RNN 进行文本分类的过程

除了将最后时间步的状态作为整个序列的分类结果之外，也可以对所有状态进行平均，并使用这个平均状态作为整个序列的分类结果，如图 8-4 所示。

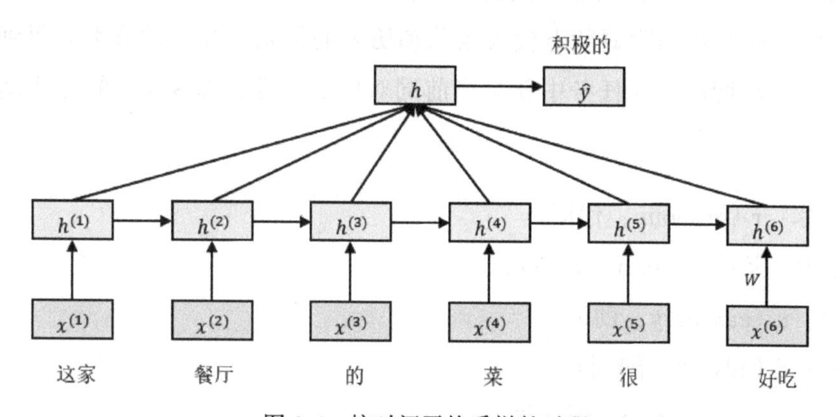

图 8-4　按时间平均采样的过程

8.2.2　同步序列到序列

同步序列到序列的模式主要用于序列标注（Sequence Labeling）任务，网络需要在一个固定的小型标签集中选择相应的标签分配给序列中的每个元素，因此，每个时间步都有输入和输出，且输入序列与输出序列长度相同。词性标注是序列标注任务的典型示例，每一个单词都要标注其对应的词性标签。例如，仍然是下面这句话：

这家餐厅的菜很好吃。

使用 RNN 对其进行词性标注的过程如图 8-5 所示。

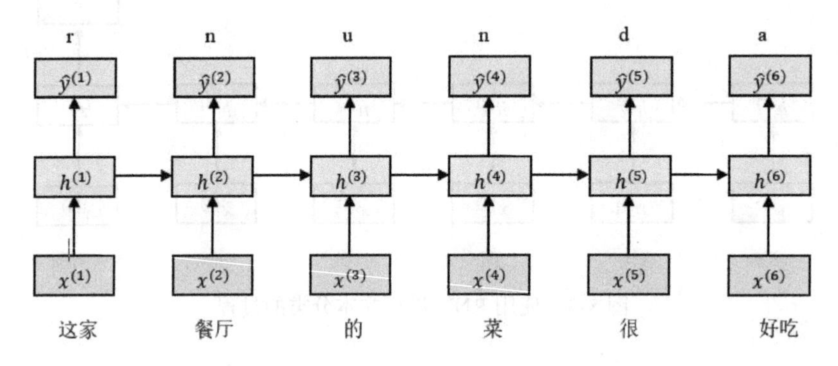

图 8-5　使用 RNN 进行词性标注

将文本进行分词后，按照不同的时间步输入到 RNN 中，得到不同时间步的隐藏状态，每个时间步的隐藏状态代表当前和历史的信息，并通过分类器得到当前时间步的标签，在词性标注任务中就是当前词对应的词性，图 8-5 中的标注结果如下所示：

- 这家：r（pronoun，代词）。
- 餐厅 / 菜：n（noun，名词）。
- 的：u（auxiliary，助词）。
- 很：d（adverb，副词）。
- 好吃：a（adjective，形容词）。

8.2.3　异步序列到序列

异步序列到序列的模式指输入序列和输出序列不必有严格的一一对应关系，也不需要具有相同的长度，它也被称为编码器 – 解码器（Encoder-Decoder）模型。此类模型的代表性应用包括机器翻译、对话系统、自动摘要等。例如，在机器翻译中，将源语言的词序列作为输入，输出为目标语言的词序列。我们仍然以下面这句话为例：

这家餐厅的菜很好吃。

图 8-6 展示了使用异步序列到序列模式将其翻译为英语的过程。

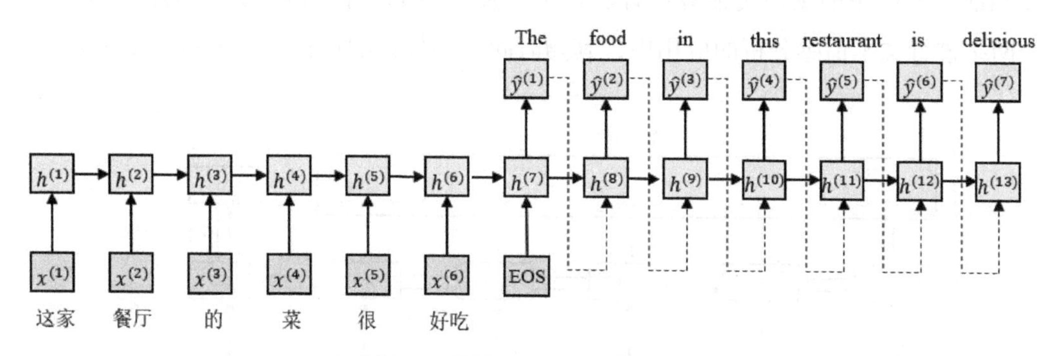

图 8-6　使用 RNN 进行机器翻译

图中的“EOS”表示序列的结束，虚线表示将上一时间步的输出作为下一时间步的输入。

8.3　循环神经网络的训练

建立神经网络后，下一步就要关心如何训练神经网络中的参数（比如图 8-2 中的 $\boldsymbol{U}$、$\boldsymbol{V}$ 和 $\boldsymbol{W}$）。我们依靠误差反向传播和梯度下降来完成这一任务。前馈网络的反向传播从最后的误差开始，经每个隐藏层的输出、权重和输入反向移动，将一定比例的误差分配给每个权重。随后，梯度下降的学习算法会用这些偏导数对权重进行上下调整以减少误差。循环神经网络的参数同样可以通过梯度下降的方法进行学习。

8.3.1　随时间反向传播算法

与前馈神经网络不同的是，循环神经网络由于不仅有空间上的层关系，还有时序上的联系，因此，使用反向传播的一种扩展方法，称为随时间反向传播（Back

Propagation Through Time，BPTT)，其主要思想是通过类似前馈神经网络的反向传播算法来计算梯度。

如图 8-2 所示，可以将循环神经网络按照时间步展开，其中将每个时间步看作前馈神经网络中的一层，这样便可以将整个输入视为静态的，循环神经网络就能够按照前馈网络中的反向传播算法计算参数梯度。例如，在图 8-3 所示的使用循环神经网络进行文本情感分析的应用中，其随时间反向传播的过程可以表示为图 8-7。

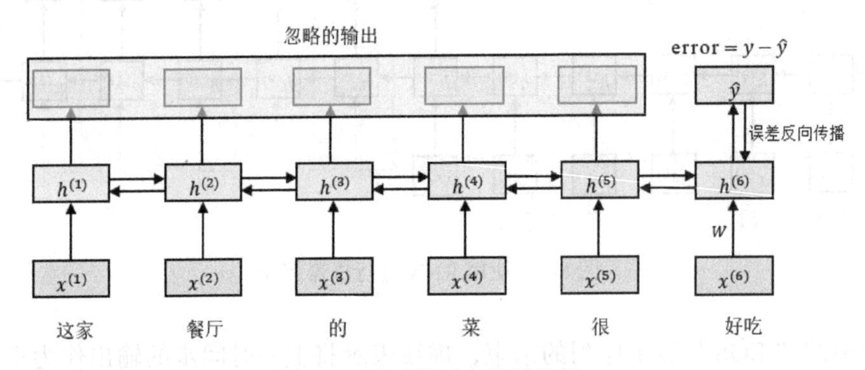

图 8-7　随时间反向传播示例

随时间反向传播与标准的反向传播并无太大差别，但是因为文本序列（样本）的长度不固定，当序列较长、时间步数量较多时，完整的 BPTT 每次进行参数更新的运算量会变得非常大，此时可以通过将时间步截断来控制传播层数。

8.3.2　权重的更新

通过将循环神经网络按时间步展开为类似于前馈神经网络的结构，可使权重的更新方法变得简单、清晰。但这其中也存在一个问题，如图 8-7 所示，虽然在形式上类似于前馈网络，但这其中所有的隐藏层其实是同一个网络在不同时间步的分支，所有层的参数都是共享的。

一个简单的解决方案是在反向传播过程中计算各个时间步的权重校正值，不立即更新，而是保留这些校正值，直到学习阶段的最后一步才将所有时间步的校正值聚合在一起应用于隐藏层。也就是说，在 BPTT 算法中，参数的梯度需要在一个完整的“前向”计算和“反向”计算后才能得到并进行参数更新。

8.3.3 梯度消失与梯度爆炸

梯度表示所有权重随误差变化而发生的改变，如果梯度未知，则无法向减少误差的方向调整权重，网络就会停止学习。当时间步数较大时，循环神经网络的梯度容易发生衰减或爆炸。这是因为在神经网络中流动的信息会经过许多级的乘法运算。任何数值，只要频繁乘以大于 1 的数，就会增大到无法衡量。反之，将一个数反复乘以小于 1 的数，该数则会趋向于 0。

虽然可以通过截断或挤压应对梯度爆炸，但无法解决梯度衰减的问题。因此，虽然简单循环网络理论上可以建立长时间间隔的状态之间的依赖关系，但是由于梯度爆炸或消失问题，实际上只能学习到短期的依赖关系。我们看下面这个例子：

这块糖真_______

如果要预测空格位置的词，可以很容易地猜出“甜”的结果。

但如果是下面这句话：

他吃了口面，被辣得说不出话来，赶紧喝了几口冰水，这才说道：
这菜可真够_______的

这时预测空格位置的词变得很难。简单的神经网络难于建模这种长距离的依赖关系，这被称为长程依赖问题。通常由于此原因，循环神经网络在实际中较难捕捉时间序列中时间步距离较大的依赖关系。为了解决这一问题，研究者提出了长短期记忆网络。

8.4 长短期记忆网络

长短期记忆（Long Short-Term Memory，LSTM）网络是循环神经网络的一个变体，可以有效解决简单循环神经网络的梯度爆炸或消失问题。标准的 RNN 的内部结构如图 8-8 所示。

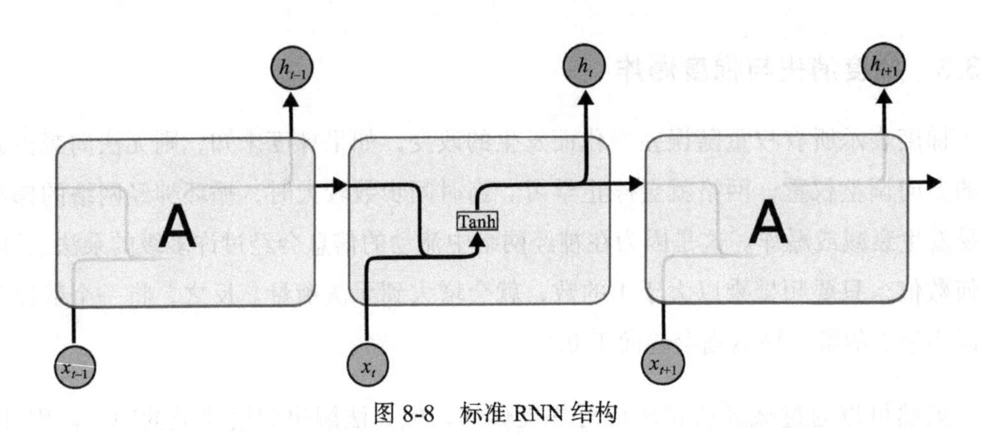

图 8-8 标准 RNN 结构

在 RNN 中只有一个 Tanh 层，即 x_t 与上一时间步的隐藏状态 h_{t-1} 组成输入，运算之后经过 Tanh 激活函数得到下一时刻的隐藏状态 h_t。LSTM 的结构更复杂，如图 8-9 所示。

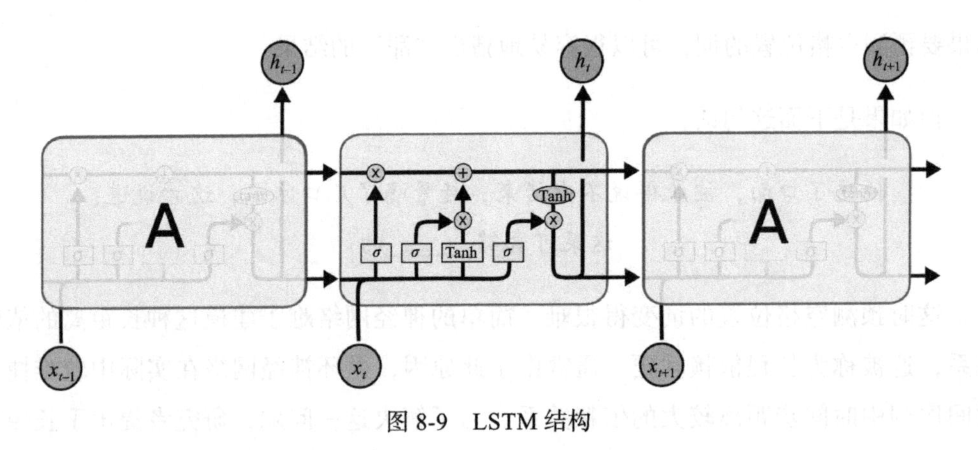

图 8-9 LSTM 结构

与标准的 RNN 相比，LSTM 主要有两个改进：

- 引入一个新的状态作为网络的记忆，称为细胞状态；
- 增加了门控机制。

8.4.1　细胞状态

标准 RNN 的隐藏层只有一个状态，即隐藏状态 h_t，它对于短期的输入非常敏感。那么，假如再增加一个状态，即 C_t，让它来保存长期的状态，这样就可以解决长期记忆的问题，新增加的状态 C_t 称为细胞状态，如图 8-10 所示。

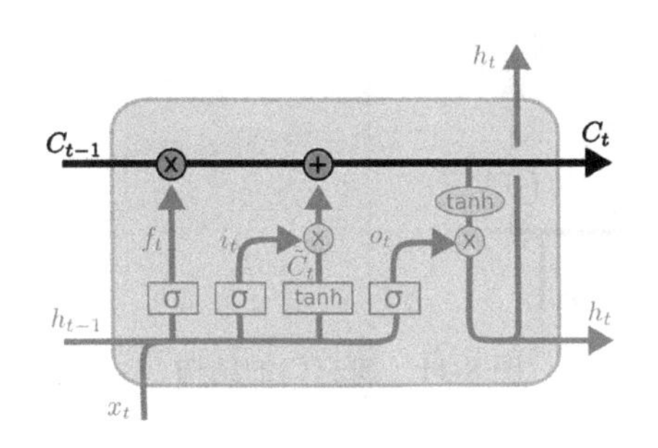

图 8-10　记忆细胞

由图 8-10 可见，在 t 时间步，LSTM 有三个输入，即当前时刻网络的输入值 x_t、上一时刻 LSTM 的隐藏状态 h_{t-1} 以及上一时间步的记忆细胞状态 C_{t-1}；有两个输出，即当前时间步的隐藏状态 h_t 和当前时间步的细胞状态 C_t。

细胞状态的作用类似于传送带，它贯穿整个链条，在序列链中传递相关信息。从理论上讲，单元状态可以在整个序列处理过程中携带相关信息，因此，即使是前期时间步的信息也有助于后续时间步的处理。但是，如果只有一些简单的线性变换，信息很容易以不变的方式流过。LSTM 的关键就是如何添加或删除单元状态中的信息。在这里，LSTM 使用了门控机制。

8.4.2　门控机制

LSTM 将上下文管理问题分为两个子问题：从上下文中删除不再需要的信息，以及添加以后进行决策时可能需要的信息。LSTM 通过称为“门”(gate) 的精细结构向细胞状态添加或删除信息。LSTM 中包括三个门控单元：遗忘门、输入门和输出门。

1. 遗忘门

遗忘门（Forget Gate）的作用是决定从细胞状态中丢弃的东西，其结构如图 8-11 所示。

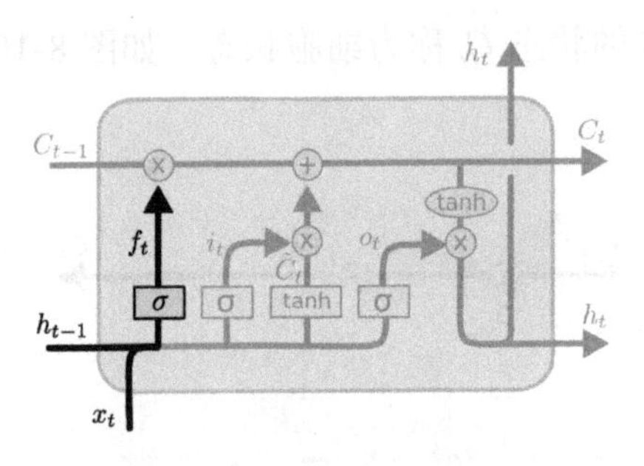

图 8-11　遗忘门的结构

图 8-11 中的 σ 表示 Sigmoid 激活函数，遗忘门首先连接上一时间步的隐藏状态 h_{t-1} 和本时间步的输入 x_t，经过 Sigmoid 激活后得到一个 0 ～ 1 之间的数字，0 表示“丢弃”，1 表示“保留”。在 LSTM 中，一个遗忘门结构执行如下的操作：

$$f_t = \sigma(\boldsymbol{W}_f x_t + \boldsymbol{U}_f h_{t-1}) \tag{8-4}$$

其中，$\boldsymbol{W}_f$ 是用来控制遗忘门行为的权重矩阵，将 h_{t-1} 和 x_t 连接起来后乘以 $\boldsymbol{W}_f$，最后通过 Sigmoid 函数将值映射到 [0, 1] 区间。

遗忘门的目标是根据给定的输入学习要遗忘细胞状态中的多少信息。为什么需要遗忘呢？因为要从上下文中删除不再需要的信息。假设我们用一个 LSTM 网络来跟踪一篇英文文本的语法结构，比如下面文本中的主语：

His parents consider themselves good parents. But he does not think so.

在第一个句子中，动词“consider”与名词“parents”搭配。第二个句子中的助动词“do”要变为“does”与“he”搭配，此时就需要忘掉原先的主语“parents”，否则就会发生错误。

2. 输入门

输入门（Input Gate）的作用是决定将哪些新的信息放在细胞状态中，其结构如图 8-12 所示。

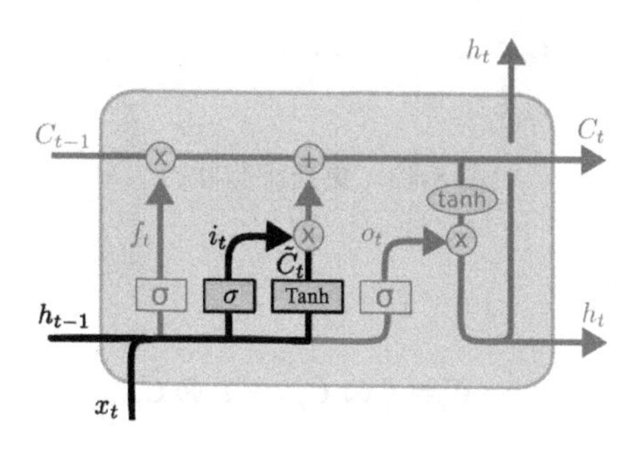

图 8-12　输入门的结构

由图 8-12 可以看出，输入门由两个单独的神经元组成。

第一个神经元的作用是决定记住哪些输入向量，它会将上一时间步的隐藏状态 h_{t-1} 和本时间步的输入 x_t 连接后传递给 Sigmoid 函数，计算新的信息中哪些重要、哪些不重要，计算公式如下：

$$i_t = \sigma(\boldsymbol{W}_i\, x_t + \boldsymbol{U}_i\, h_{t-1}) \tag{8-5}$$

第二个神经元的作用是获得候选细胞状态，决定用多大的值来更新细胞状态。它将上一时间步的隐藏状态 h_{t-1} 和本时间步的输入 x_t 连接，经过一个 Tanh 层激活后，得到候选细胞状态 $\tilde{C}_t$，计算公式如下：

$$\tilde{C}_t = \mathrm{Tanh}(\boldsymbol{W}_c\, x_t + \boldsymbol{U}_c\, h_{t-1}) \tag{8-6}$$

Tanh 激活函数可以强制将值变换为 –1 ～ 1 之间，这样，当神经网络不断执行各种运算时就会在每一层对向量的值进行限制，从而避免出现向量内部各个值之间差距过大的现象。

3. 状态更新

至此，我们就可以对细胞状态进行更新了，如图 8-13 所示。

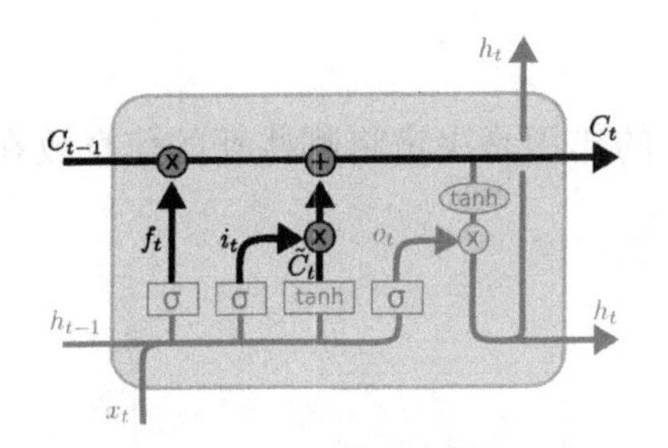

图 8-13 更新细胞状态

更新细胞状态的公式如下：

$$C_t = f_t \otimes C_{t-1} + i_t \otimes \tilde{C}_t \quad (8\text{-}7)$$

其中，⊗表示按元素相乘，由式（8-7）可见，当前时间步的细胞状态 C_t 的计算组合了上一时间步记忆细胞和当前时间步候选记忆细胞的信息，并通过遗忘门和输入门来控制信息的流动。遗忘门控制上一时间步的记忆细胞 C_{t-1} 中的信息是否传递到当前时间步，而输入门则控制当前时间步的输入 x_t 通过候选记忆细胞 $\tilde{C}_t$ 如何流入当前时间步的细胞状态。如果遗忘门一直近似于 1 且输入门一直近似于 0，过去的记忆细胞将一直通过时间保存并传递至当前时间步。该设计可以应对循环神经网络中的梯度衰减问题，并能更好地捕捉时间序列中时间步距离较大的依赖关系。

4. 输出门

得到本时间步的细胞状态后，便可以通过输出门（Output Gate）来控制从细胞状态到隐藏状态 h_t 的信息流动，输出门的结构如图 8-14 所示。

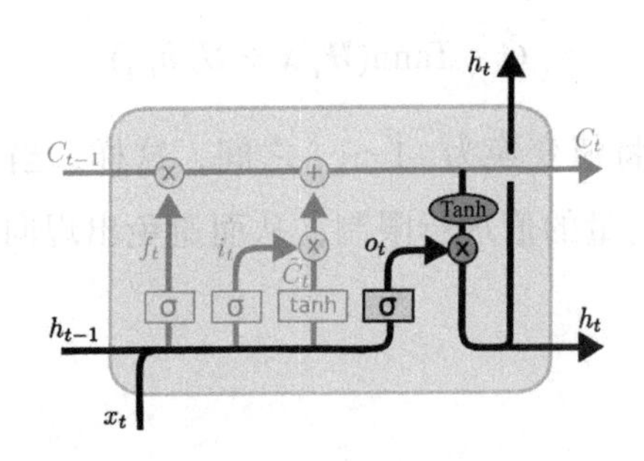

图 8-14 输出门的结构

计算公式如下：

$$h_t = \mathrm{Tanh}(C_t) \otimes o_t \tag{8-8}$$

其中，

$$o_t = \sigma(\boldsymbol{W}_o x_t + \boldsymbol{U}_o h_{t-1}) \tag{8-9}$$

它先将当前时间步的细胞状态 C_t 经过 Tanh 层激活后，再由上一时间步的隐藏状态 h_{t-1} 和本时间步的输入 x_t 连接后传递给 Sigmoid 函数，两者相乘得到当前时间步的隐藏状态 h_t。需要注意的是，当输出门近似于 1 时，记忆细胞信息将被传递到隐藏状态供输出层使用；当输出门近似于 0 时，记忆细胞信息只自己保留。

三个门的作用如下：

- 遗忘门控制上一个时间步的细胞状态需要遗忘多少信息；
- 输入门控制当前时间步的候选状态需要保存多少信息；
- 输出门控制当前时间步的细胞状态需要输出多少信息给隐藏状态。

提示：循环神经网络中的隐藏状态存储历史信息，在简单循环网络中，隐藏状态在每个时间步都会被重写，因此可以将其看作一种短期记忆（Short-Term Memory）。而在 LSTM 网络中，单元状态可以在某个时刻捕捉到某个关键信息，并能够将此关键信息保存一定的时间间隔。其中保存信息的周期要长于短期记忆，但又远远短于长期记忆，因此称为长短期记忆（Long Short-Term Memory）。

8.5　门控循环单元网络

门控循环单元（Gated Recurrent Unit，GRU）网络也是引入门控机制来控制信息更新方式的循环神经网络，它比 LSTM 网络更加简单。

通过 8.4 节对 LSTM 网络的介绍，我们可以发现，输入门和遗忘门的关系是互补的，因此，在 GRU 网络中将两个门合并为一个门：更新门。此外，GRU 网络也不像 LSTM 网络那样需要引入额外的细胞状态。

GRU 只包含两个门，即重置门和更新门，如图 8-15 所示。

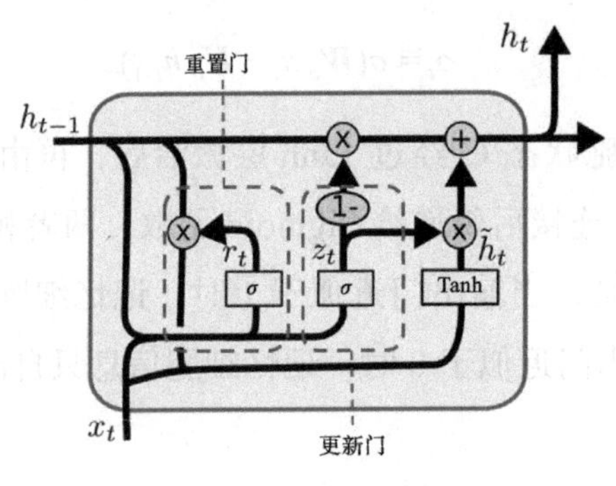

图 8-15　GRU 结构

1. 更新门

更新门（Update Gate）的作用类似于 LSTM 的遗忘门和输入门，它决定要丢弃哪些信息和添加哪些新信息。在时间步 t，使用以下公式计算更新门的输出 z_t：

$$z_t = \sigma(\boldsymbol{W}_z x_t + \boldsymbol{U}_z h_{t-1}) \tag{8-10}$$

更新门帮助模型决定要将多少过去的信息传递到未来，或前一时间步和当前时间步的信息中有多少是需要继续传递的。

2. 重置门

重置门（Reset Gate）主要决定有多少过去的信息需要遗忘，可以使用以下公式计算：

$$r_t = \sigma(\boldsymbol{W}_r x_t + \boldsymbol{U}_r h_{t-1}) \tag{8-11}$$

该公式与更新门的公式相同，只是线性变换的参数和用处不同。

3. 候选隐藏状态

在得到门控信号后，首先使用重置门来计算候选隐藏状态，以辅助稍后的隐藏状态计算。如图 8-15 所示，其计算公式如下：

$$\tilde{h}_t = \text{Tanh}(\boldsymbol{W}_{x_t} + \boldsymbol{U}(r_t \otimes h_{t-1})) \tag{8-12}$$

由式（8-12）可见，我们将当前时间步重置门的输出与上一时间步的隐藏状态进行按元素相乘。如果重置门中元素值接近 0，那么意味着重置对应隐藏状态元素为 0，即丢弃上一时间步的隐藏状态。如果元素值接近 1，那么表示保留上一时间步的隐藏状态。然后，将按元素相乘的结果与当前时间步的输入连接，再通过激活函数 Tanh 计算候选隐藏状态，其所有元素的值域为 [–1, 1]。

重置门控制上一时间步的隐藏状态如何流入当前时间步的候选隐藏状态。而上一时间步的隐藏状态可能包含时间序列截至上一时间步的全部历史信息。因此，重置门可以用来丢弃与预测无关的历史信息。

4. 隐藏状态

在最后一步，网络需要计算当前时间步的隐藏状态，该向量将保留当前单元的信息并将其传递到下一个单元。在这个过程中，需要使用更新门来对上一时间步的隐藏状态 h_{t-1} 和当前时间步的候选隐藏状态 $\tilde{h}_t$ 做组合，公式如下：

$$h_t = (1 - z_t) \otimes h_{t-1} + z_t \otimes \tilde{h}_t \tag{8-13}$$

其中门控信号 z_t 的范围为 0 ～ 1，门控信号越接近 1，代表“记”下来的信息越多，而门控信号越接近 0 则代表“遗忘”的信息越多。与 LSTM 相比，GPU 只使用一个门控 z_t 就可以进行遗忘和选择记忆。这里，可以将 $(1 - z_t) \otimes h_{t-1}$ 理解为“遗忘” $t - 1$ 时间步隐藏状态中不重要的信息，可以将 $z_t \otimes \tilde{h}_t$ 理解为对候选隐藏状态进行选择性记忆。

注意： LSTM 和 GRU 都采用了门控机制，两者思想相似，但 GRU 比 LSTM 少用了一个门控，因此，其张量操作更少，训练速度更快，更适用于构建大型的网络。而 LSTM 由于多了一个门控，更加强大和灵活。

8.6　更深的网络

如果将深度定义为网络中信息传递的路径长度，则循环神经网络可以被看作既“深”又“浅”的网络。一方面，如果把循环网络按时间展开，不同时刻的状态之间存在非线性连接，由此看来，循环网络是一个非常深的网络。另一方面，循环网络是非常浅的，因为隐藏状态到输出 $h_{t-1} \Rightarrow y_t$，以及输入到隐藏状态 $x_{t-1} \Rightarrow h_t$ 之间的转换只有一个非线性函数。因此，可以通过增加循环神经网络的深度来增强循环神经网络的功能。

8.6.1　堆叠循环神经网络

常见的增加循环神经网络深度的做法是将多个循环网络堆叠起来，如图 8-16 所示是一个按照时间步展开的堆叠循环神经网络。

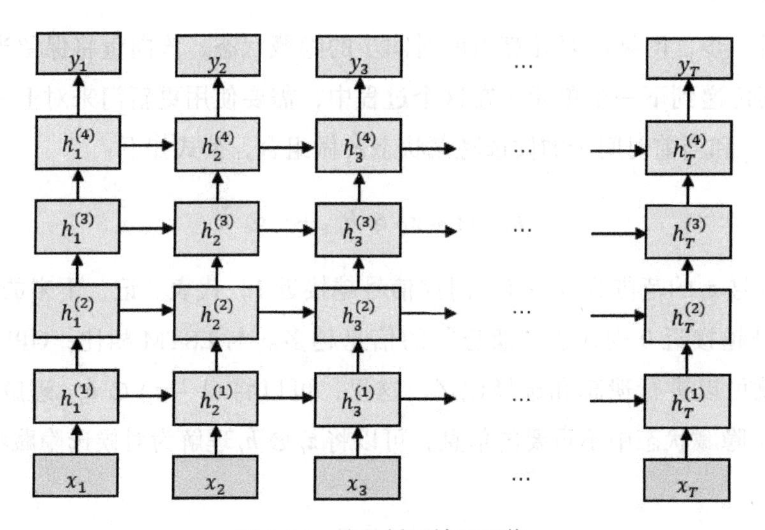

图 8-16　堆叠循环神经网络

训练堆叠层在计算上代价非常高，而且，简单的堆叠模型很难说是构建最有用的模型的解决方案。

8.6.2 双向循环神经网络

在有些任务中，一个时间步的输出不但和过去的信息有关，而且和后续时间步的信息有关。比如，给定一个句子：

我今天不舒服，我打算 ____ 一天。

只根据“不舒服”可能推测出我打算“去医院”“睡觉”“请假”等，但如果加上后面的“一天”，能选择的范围就变小了，“去医院”这个备选项就不太恰当。因此，在这些任务中，可以增加一个按照时间的逆序来传递信息的网络层。

双向循环神经网络（Bidirectional Recurrent Neural Network，Bi-RNN）由两层循环神经网络组成，它们的输入相同，只是信息传递的方向不同，如图 8-17 所示。

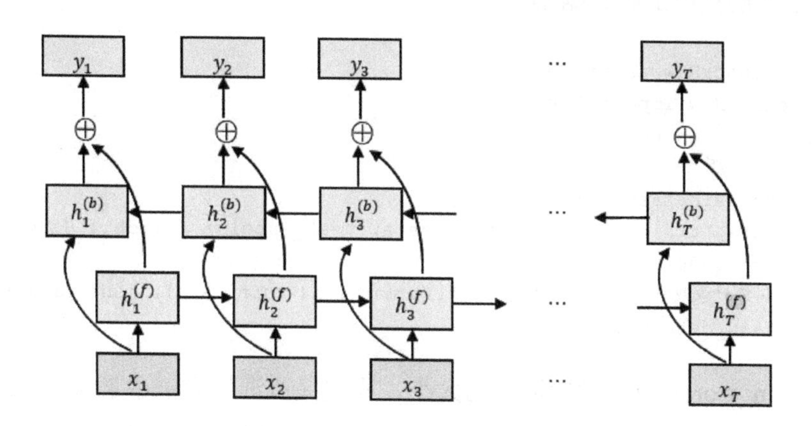

图 8-17 双向循环神经网络

如图 8-17 所示，双向循环网络在向前层从时间步 1 到时间步 T 正向计算一遍，得到并保存每个时间步隐藏层的输出；在向后层从时间步 T 到时间步 1 反向计算一遍，得到并保存每个时间步隐藏层的输出。最后的输出结果是对两个方向的输出进行汇总，从而达到同时利用过去的信息和未来的信息来解决当前问题的目的。

8.7 实例——使用 LSTM 网络实现文本情感分析

本节将通过一个实例，来说明如何使用 LSTM 网络实现文本情感分析。

8.7.1 数据准备

本实例使用来源于网络电影数据库（Internet Movie Database）的 IMDB 数据集，包含 50 000 条影评文本，其中 25 000 条影评用作训练集，另外 25 000 条影评用做测试集。IMDB 数据集打包在 Keras.datasets 中，并且已经过预处理被转换为整数序列，其中每个整数表示字典中的特定单词。每个标签都是一个值为 0 或 1 的整数，其中 0 代表消极评论，1 代表积极评论。

使用下面的代码加载数据集：

```
import tensorflow as tf
from tensorflow import keras
import numpy as np
# 加载 IMDB 数据
imdb = keras.datasets.imdb
(train_data, train_labels), (test_data, test_labels) = imdb.load_data(num_
    words=10000)
print("训练记录数量:{}, 标签数量:{}".format(len(train_data), len(train_labels)))
print(train_data[0])
```

参数 num_words 用于设置词典的大小，我们保留训练数据中最常出现的 10 000 个单词，将其放入词典，低频词将被丢弃。上面代码的输出结果如图 8-18 所示。

```
训练记录数量:25000, 标签数量:25000
[1, 14, 22, 16, 43, 530, 973, 1622, 1385, 65, 458, 4468, 66, 3941, 4, 173, 36, 256, 5, 25, 100, 43, 838, 112, 50, 670, 2, 9, 35, 480, 28
4, 5, 150, 4, 172, 112, 167, 2, 336, 385, 39, 4, 172, 4536, 1111, 17, 546, 38, 13, 447, 4, 192, 50, 16, 6, 147, 2025, 19, 14, 22, 4, 192
0, 4613, 469, 4, 22, 71, 87, 12, 16, 43, 530, 38, 76, 15, 13, 1247, 4, 22, 17, 515, 17, 12, 16, 626, 18, 2, 5, 62, 386, 12, 8, 316, 8, 1
06, 5, 4, 2223, 5244, 16, 480, 66, 3785, 33, 4, 130, 12, 16, 38, 619, 5, 25, 124, 51, 36, 135, 48, 25, 1415, 33, 6, 22, 12, 215, 28, 77,
52, 5, 14, 407, 16, 82, 2, 8, 4, 107, 117, 5952, 15, 256, 4, 2, 7, 3766, 5, 723, 36, 71, 43, 530, 476, 26, 400, 317, 46, 7, 4, 2, 1029,
13, 104, 88, 4, 381, 15, 297, 98, 32, 2071, 56, 26, 141, 6, 194, 7486, 18, 4, 226, 22, 21, 134, 476, 26, 480, 5, 144, 30, 5535, 18, 51,
36, 28, 224, 92, 25, 104, 4, 226, 65, 16, 38, 1334, 88, 12, 16, 283, 5, 16, 4472, 113, 103, 32, 15, 16, 5345, 19, 178, 32]
```

图 8-18 训练记录数及数据内容

由图 8-18 可见，训练数据集共有 25 000 条记录，每条记录都已经被转换为整数序列。接下来对序列长度进行标准化，将长度设置为 256，代码如下：

```
# 数据标准化
train_data = keras.preprocessing.sequence.pad_sequences(train_data, value=
    word_index["<PAD>"], padding='post', maxlen=256)
test_data = keras.preprocessing.sequence.pad_sequences(test_data, value=
    word_index["<PAD>"], padding='post', maxlen=256)
print(train_data[0])
```

上面的代码对长度不足 256 个词的影评使用“ <PAD>”进行填充，对超过 256 个词的影评则进行截断，只保留 256 个词。上面代码的输出结果如图 8-19 所示。

```
[   1   14   22   16   43  530  973 1622 1385   65  458 4468   66 3941
    4  173   36  256    5   25  100   43  838  112   50  670    2    9
   35  480  284    5  150    4  172  112  167    2  336  385   39    4
  172 4536 1111   17  546   38   13  447    4  192   50   16    6  147
 2025   19   14   22    4 1920 4613  469    4   22   71   87   12   16
   43  530   38   76   15   13 1247    4   22   17  515   17   12   16
  626   18    2    5   62  386   12    8  316    8  106    5    4 2223
 5244   16  480   66 3785   33    4  130   12   16   38  619    5   25
  124   51   36  135   48   25 1415   33    6   22   12  215   28   77
   52    5   14  407   16   82    2    8    4  107  117 5952   15  256
    4    2    7 3766    5  723   36   71   43  530  476   26  400  317
   46    7    4    2 1029   13  104   88    4  381   15  297   98   32
 2071   56   26  141    6  194 7486   18    4  226   22   21  134  476
   26  480    5  144   30 5535   18   51   36   28  224   92   25  104
    4  226   65   16   38 1334   88   12   16  283    5   16 4472  113
  103   32   15   16 5345   19  178   32    0    0    0    0    0    0
    0    0    0    0    0    0    0    0    0    0    0    0    0    0
    0    0    0    0    0    0    0    0    0    0    0    0    0    0
    0    0    0    0]
```

图 8-19　经过填充的评论

准备好数据后，下面来构建和训练模型。

8.7.2　构建和训练模型

与第 7 章的实例一样，我们依然使用 Keras 中的 Sequential 方法创建堆叠模型。这次使用长短期记忆（LSTM）网络，代码如下：

```
# 构建模型
vocab_size = 10000
model = tf.keras.Sequential([tf.keras.layers.Embedding(vocab_size, 64),
    tf.keras.layers.Bidirectional(tf.keras.layers.LSTM(64)), tf.keras.
    layers.Dense(64, activation='relu'), tf.keras.layers.Dense(1)
])
model.summary()
```

在模型中，我们使用了一个双向 LSTM，其可视化效果如图 8-20 所示。

```
Model: "sequential"
_________________________________________________________________
Layer (type)                 Output Shape              Param #
=================================================================
embedding (Embedding)        (None, None, 64)          640000
_________________________________________________________________
bidirectional (Bidirectional (None, 128)               66048
_________________________________________________________________
dense (Dense)                (None, 64)                8256
_________________________________________________________________
dense_1 (Dense)              (None, 1)                 65
=================================================================
Total params: 714,369
Trainable params: 714,369
Non-trainable params: 0
```

图 8-20 模型的可视化效果

构建好模型后，我们要设置超参数并开始训练模型，代码如下：

```
# 配置并训练模型
model.compile(optimizer='adam', loss='binary_crossentropy', metrics=['accuracy'])
x_val = train_data[:10000]
partial_x_train = train_data[10000:]
y_val = train_labels[:10000]
partial_y_train = train_labels[10000:]
history = model.fit(partial_x_train, partial_y_train, epochs=10, batch_size=
    512, validation_data=(x_val, y_val), verbose=1)
```

因为这次的任务是二分类问题，所以使用的交叉熵损失函数为binary_crossentropy。在训练时，我们想要检查模型在陌生数据上的准确率，因此，从原始训练数据中分离出10 000个样本来创建一个验证集。mini-batch设置为512，迭代10次，最终的训练结果如图8-21所示。

```
Epoch 10/10
15000/15000 [==============================] - 159s 11ms/sample - loss: 0.1518 - accuracy: 0.9671 - val_loss: 1.1752 - val_accuracy: 0.8
209
```

图 8-21 训练结果

从图8-21可见，模型在训练集上的准确率为0.9671，在验证集上的准确率为0.8209。下面使用测试集来测试模型的性能，代码如下：

```
# 测试性能
results = model.evaluate(test_data,  test_labels, verbose=2)
print(results)
```

测试结果如图 8-22 所示。

```
25000/25000 - 23s - loss: 1.2451 - accuracy: 0.8002
[1.2451341960048676, 0.80016]
```

图 8-22　测试结果

由图 8-22 可知，测试的准确率为 0.8002，大家可以尝试修改网络的结构和超参数，以观测模型的性能。下面我们同样可以对模型的训练过程进行可视化，代码如下：

```
# 训练过程可视化
history_dict = history.history
print(history_dict.keys())
def plot_graphs(history, string):
    plt.plot(history.history[string])
    plt.plot(history.history['val_'+string])
    plt.xlabel("Epochs")
    plt.ylabel(string)
    plt.legend([string, 'val_'+string])
    plt.show()
plot_graphs(history, "accuracy")
plot_graphs(history, "loss")
```

上面代码的输出结果如图 8-23 所示。

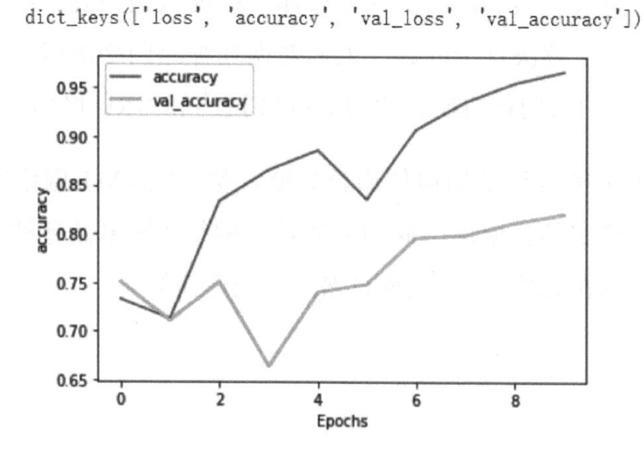

图 8-23　训练过程的可视化

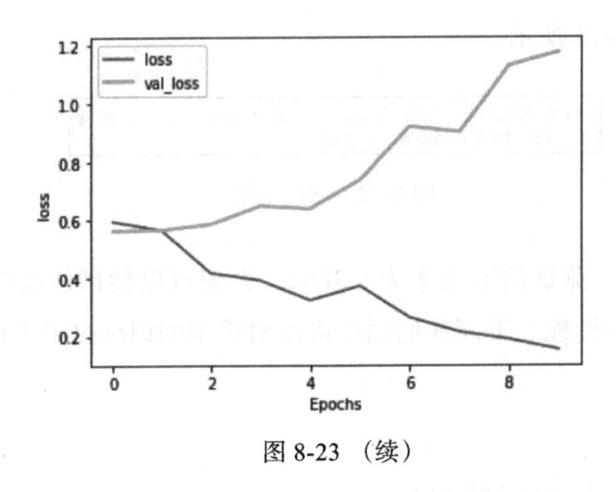

图 8-23 （续）

由图 8-23 可知，model.fit 方法返回的 history 包含一个字典，该字典记录训练阶段发生的一切事件，共有四个条目。在训练和验证期间，每个条目对应一个监控指标。我们可以使用这些条目来绘制训练与验证过程的损失值（loss）和准确率（accuracy），以便进行比较。

8.8 本章小结

本章介绍循环神经网络在自然语言处理中的应用。循环神经网络可以很好地对时间序列数据进行建模。然而，由于梯度爆炸和梯度消失问题，简单循环网络存在长期依赖的缺点。为了解决这个问题，人们对循环神经网络进行了许多改进，其中最有效的改进方式为引入门控机制，比如 LSTM 网络和 GRU 网络。

本章通过一个实例展示了如何使用长短期记忆（LSTM）网络实现文本情感分类。大家可以参照该实例，使用不同的循环神经网络（简单循环神经网络、长短期记忆网络或门控循环单元网络等）完成自然语言处理任务。

8.9　习题

一、填空题

1. 篇章级情感分析的目标是判断________表达的是褒义还是贬义的情感。

2. 循环神经网络是指一个随着________，重复发生的结构。

二、选择题

1. 以下关于 LSTM 的说法，不正确的是（　　）。

A. LSTM 是 RNN 的变体
B. LSTM 可以有效解决长期依赖问题
C. LSTM 可以有效解决梯度爆炸问题
D. LSTM 可以有效解决梯度消失问题

2. 下列关于 RNN 的说法错误的是（　　）。

A. 隐藏层之间的节点有连接
B. 隐藏层之间的节点没有连接
C. 隐藏层的输入不仅包括输入层的输出，还包括上一时刻隐藏层的输出
D. 网络会对之前时刻的信息进行记忆并将其应用于当前输出的计算中

三、简答题

1. 简述什么是循环神经网络。

2. 简述 LSTM 包括几个门控结构，它们分别有什么作用。

CHAPTER 9

第9章 序列到序列模型与注意力机制

到目前为止，我们知道了如何建立自然语言模型，并能将其应用于自然语言处理。我们使用 RNN 解决短期记忆问题，当遇到长期依赖问题时，可以对隐藏层进行修改，通过引入门控机制得到 LSTM 和 GRU 网络。再进一步，为了在获得历史信息的同时获取未来的信息，我们将 RNN 改造成双向 RNN，即从两个不同的方向进行计算。

但是，前面讨论的都是输入序列与输出序列等长的模型。现实中还存在很多应用的输入和输出序列的长度不一定相等的情况，例如机器翻译、问答系统、文本摘要生成等。我们把这种将一个长度不确定的序列映射到另一个长度也未知的序列的问题称为序列到序列问题。

本章将介绍如何使用编码–解码架构构建序列到序列模型。

9.1 序列到序列模型

9.1.1 什么是序列到序列模型

所谓序列到序列（Sequence-to-Sequence，Seq2Seq）模型，就是一种能够根据给定的序列，通过特定的方法生成另一个序列的方法。Seq2Seq 模型最早是在 2014

年由 Google Brain 和 Yoshua Bengio 两个团队各自独立提出的，他们发表的文章主要关注机器翻译相关的问题。

简单来说，序列到序列模型就是一个翻译模型，把一种语言的序列翻译成另一种语言的序列，即将一个输入序列映射成一个输出序列。例如，中文输入为：

我爱自然语言处理

翻译后得到的英文输出为：

I love Natural Language Processing

随着序列到序列模型的发展，由于任务不同，该模型有不同的版本。本章将介绍最简单、最基本的版本，其他版本也是在该基础版本上进行的修改。

总体来说，序列到序列任务往往具有以下两个特点：

- 输入、输出长度不确定。例如要构建一个聊天机器人，我们说的话和它的回复长度都是不固定的。
- 输入、输出元素之间具有顺序关系。不同的顺序得到的结果应该是不同的，例如“黄蓉的女儿是谁”和“谁的女儿是黄蓉”，这两个短语的意思是不同的。

9.1.2　编码 – 解码架构

为了解决 Seq2Seq 问题，我们想到了使用循环神经网络。但此时需要的是一对而不是一个循环网络，这就是编码 – 解码架构。

编码 – 解码架构主要由编码器（Encoder）和解码器（Decoder）两部分组成，其基本结构如图 9-1 所示。

下面分别介绍编码器和解码器的工作原理。

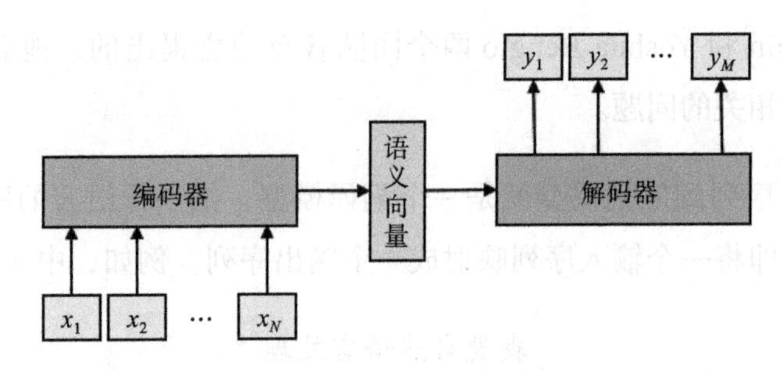

图 9-1 编码 – 解码架构

9.1.3 编码器

编码器是一个循环神经网络，通常使用 LSTM 或 GRU，它负责将一个不定长的输入序列变换成一个定长的语义向量 $\boldsymbol{C}$，这个过程被称为编码，如图 9-2 所示。

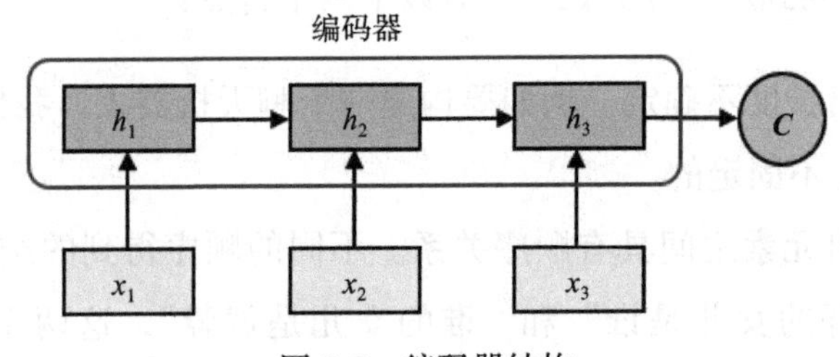

图 9-2 编码器结构

图 9-2 中的输入序列为 $x = [x_1, x_2, x_3]$，每个时间步的隐藏状态为 $h_t = f(h_{t-1}, x_t)$，其中 $t = 1, 2, 3$。编码器中输出的语义向量有三种不同的获取方式：

- 最简单的方式就是直接将最后一个输入的隐藏状态作为语义向量 $\boldsymbol{C}$，即 $\boldsymbol{C} = h_3$；
- 也可以对最后一个隐藏状态做一次变换得到语义向量，即 $\boldsymbol{C} = g(h_3)$；
- 还可以将输入序列的所有隐藏状态做一次变换得到语义向量，即 $\boldsymbol{C} = g(h_1, h_2, h_3)$。

提示：以上描述的编码器是一个单向循环神经网络，每个时间步的隐藏状态只取决于该时间步及之前的输入子序列。我们也可以使用双向循环神经网络构造编码器。在这种情况下，编码器每个时间步的隐藏状态同时取决于该时间步之前和之后的子序列，并编码整个序列的信息。

可以将语义向量 **C** 看作所有输入内容的一个集合，所有的输入内容都包含在 **C** 里。

9.1.4　解码器

解码器也是一个循环神经网络，它负责根据语义向量生成指定的序列，这个过程被称为解码，解码的过程有两种不同的结构，其不同在于语义向量是否应用于每一时间步的输出。

第一种解码器结构如图 9-3 所示。

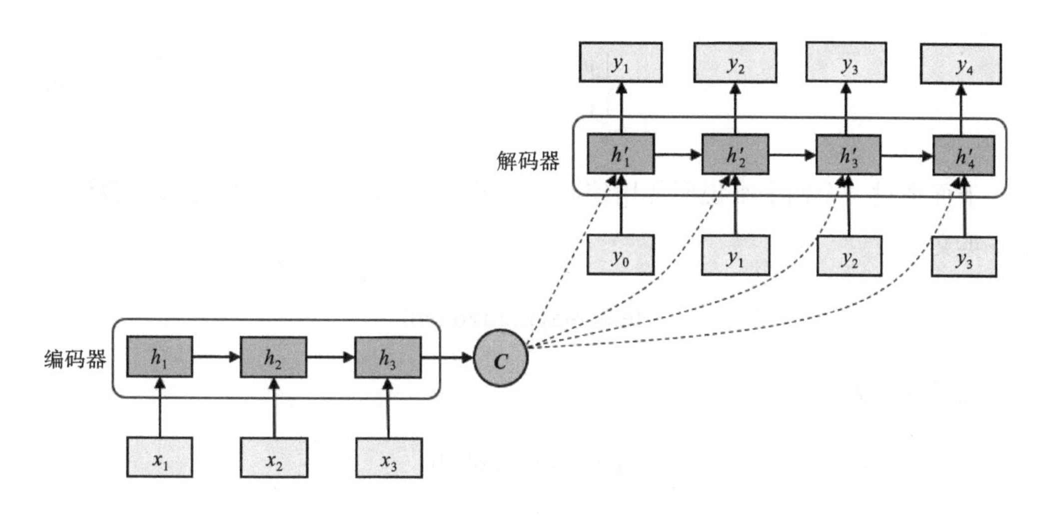

图 9-3　第一种解码器结构

由图 9-3 可见，在第一种结构中，语义向量 **C** 参与解码器序列所有时间步的运算，每一时间步的输出 $y_{t'}$ 由前一时间步的输出 $y_{t'-1}$、前一时间步的隐藏状态 $h'_{t'-1}$ 和

C 共同决定，其公式表示如下：

$$y_{t'}=f(y_{t'-1}, h'_{t'-1}, \boldsymbol{C}) \tag{9-1}$$

第二种解码器结构如图 9-4 所示。

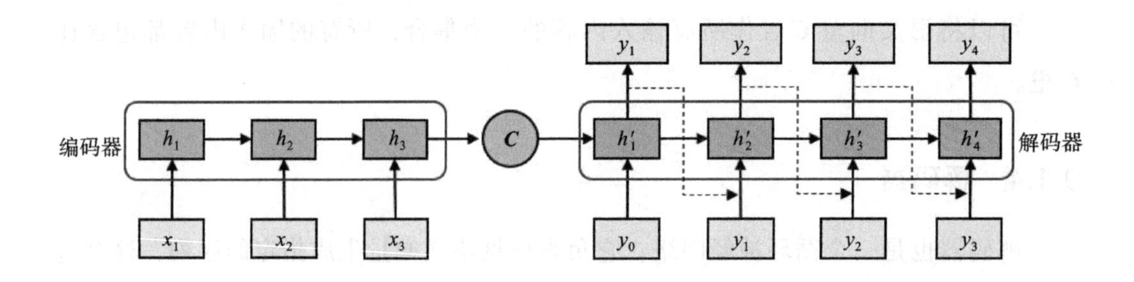

图 9-4　第二种解码器结构

由图 9-4 可见，在第二种结构中，语义向量 C 只作为初始状态传入到解码器中，并不参与每一时间步的输入，其公式表示如下：

$$\begin{cases} y_1 = f(y_0, h'_0, \boldsymbol{C}) \\ y_{t'} = f(y_{t'-1}, h'_{t'-1}) \end{cases} \tag{9-2}$$

下面通过一个例子来说明使用编码–解码结构进行机器翻译的过程。假设输入如下英文：

He is playing football

将其翻译为德文：

Er spielt Fußball

此处，我们使用 LSTM 网络构建模型，翻译的过程如图 9-5 所示。

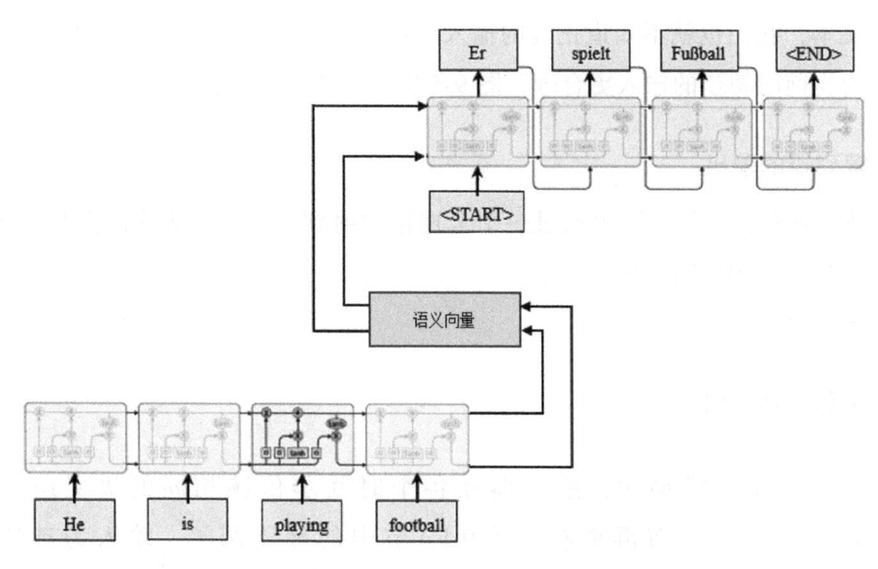

图 9-5　使用编码－解码结构进行机器翻译

9.1.5　模型训练

模型的训练主要需要考虑三个部分：编码器的输入、解码器的输入和解码器的输出。

1. 编码器的输入

在训练阶段，我们将初始文本中的词条转换为词向量输入编码器，生成语义向量，即解码器的初始状态。

2. 解码器的输入

解码器第一个时间步的输入通常为“开始”标志位，如图 9-5 中的“<START>”。随后的输入通常有以下两种方式：

- 将预期文本作为输入。无论上一个时间步的输出是什么，都使用正确的文本作为当前时间步的输入，这种方法可以避免一个时间步的错误影响后续的预测。而且，在训练初期能够使训练更容易。
- 将上一个时间步的输出作为输入。因为在实际的推理阶段，由于没有预期的文本，我们也就不知道正确的输入应该是什么，所以将上一时间步的输出作为当前时间步的输入更合理，图 9-5 中就使用了这种方式。

3. 解码器的输出

解码器通常会将每个输出通过一个全连接映射到字典维度大小的向量，再通过损失函数和反向传播算法调整参数。

9.2 注意力机制

在序列到序列模型中，解码器在各个时间步依赖相同的语义向量来获取输入序列信息。下面再来看一下 9.1.4 节中的翻译例子：输入为英语序列“He”“is”“playing”“football”，输出为德语序列“Er”“spielt”“Fußball”。很容易想到，解码器在生成输出序列中的每一个词时可能只需利用输入序列中某一部分的信息。例如，在输出序列的时间步 1，解码器主要依赖“He”的信息来生成“Er”，在时间步 2 则主要使用来自“is”“playing”的编码信息生成“spielt”，在时间步 3 则主要使用来自“football”的编码信息生成“Fußball”。这看上去就像在解码器的每一时间步对输入序列中不同时间步的表征或编码信息分配不同的注意力一样。这正是注意力机制的由来。

9.2.1 什么是注意力机制

注意力机制通过对编码器所有时间步的隐藏状态做加权平均来得到语义向量。解码器在每一时间步调整这些权重（即注意力权重），从而能够在不同的时间步分别关注输入序列中的不同部分，并将其编码到相应时间步的语义变量中。

注意力机制最成功的应用是机器翻译，下面以机器翻译为例来说明如何引入注意力机制。

在引入注意力机制之前，需要了解编码–解码架构存在的以下两个问题：

- 待翻译序列可能很长，而语义向量的长度是固定的，可能难以恰当地概括一个长序列；
- 早期的信息容易丢失。

通过引入注意力机制，解码器输出序列中的每个词条都会依赖一个与“上下文”相关的可变语义向量，而不再依赖一个相同的语义向量。在引入注意力机制之前，翻译的过程，即解码器的输出用公式表示如下：

$$y_{t'}=f(y_{t'-1}, h'_{t'-1}, \boldsymbol{C}) \tag{9-3}$$

由式（9-3）可见，解码器生成的每个词条所依据的“上下文”都是相同的，没有任何指导作用，而引入注意力机制后，解码器的输出如下：

$$y_{t'}=f(y_{t'-1}, h'_{t'-1}, \boldsymbol{C}_{t'}) \tag{9-4}$$

其中 $\boldsymbol{C}_{t'}$ 代表与时间步 t' 相关的语义向量，这个向量受该输出词条和输入语句中各个词条的注意力概率分布的影响，如图 9-6 所示。

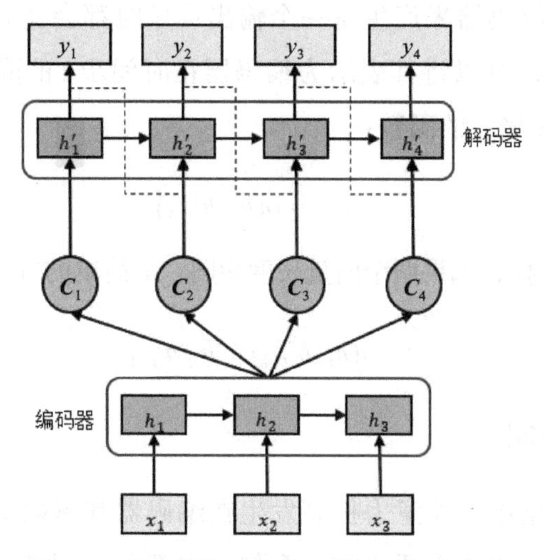

图 9-6　引入注意力机制的编码 – 解码架构

在训练的初期使用这种方式，能够使训练更容易。

9.2.2 计算语义向量

接下来，我们来看一下如何计算语义向量 $\boldsymbol{C}_{t'}$。对于上述机器翻译问题，可以根据简单的加权平均来综合输入各个词条的特征，具体来说，就是令编码器在时间步 t 的隐藏状态为 h_t，且总时间步数为 T。那么解码器在时间步 t' 的背景变量为所有编码器隐藏状态的加权平均：

$$\boldsymbol{C}_{t'}=\sum_{t=1}^{T}a_{t't}h_t \tag{9-5}$$

其中，$a_{t't}$ 表示输出序列第 t' 个词条对输入序列第 t 个词条的注意力大小，它是在 $t = 1, 2, \cdots, T$ 上的一个概率分布。一般采用 softmax 函数来计算，公式如下：

$$a_{t't}=\frac{\exp(e_{t't})}{\sum_{k=1}^{T}\exp(e_{t'k})} \tag{9-6}$$

其中，softmax 运算的输入 $e_{t't}$ 同时取决于编码器的时间步 t 和解码器的时间步 t'，且在使用循环网络作为解码器来产生每一个输出词条时都会受到上一个时间步隐藏状态 $h'_{t'-1}$ 的影响，因此，可以将其表示为编码器在时间步 t 的隐藏状态 h_t 和解码器时间步 $t'-1$ 的隐藏状态 $h'_{t'-1}$ 的函数：

$$e_{t't}=o(h_t, h'_{t'-1}) \tag{9-7}$$

其中，函数 o 有多种选择，如果两个向量长度相同，最简单的方法就是计算它们的内积：

$$o(h_t, h'_{t'-1})=h^T_t\, h'_{t'-1} \tag{9-8}$$

9.2.3 自注意力机制

在编码－解码模型中，注意力机制发生在编码器和解码器之间，即发生在输入句子和生成句子之间。当我们要研究一个句子内部各个词条之间相互依赖关系的时候，需要使用自注意力（Self-Attention）机制。

当然，对于这种情况，可以用卷积神经网络来处理，但卷积操作使用固定大小的窗口来提取词条之间的联系，显然只能对局部依赖关系进行建模。虽然循环神经网络理论上可以建立长距离依赖关系，但是由于信息传递的容量以及梯度消失问题，实际上只能建立短距离依赖关系。如果使用全连接网络，可以一次处理一个序列，从而解决长期依赖问题，但是全连接网络的参数矩阵维度是固定的，无法处理变长序列。这时就可以利用注意力机制来“动态”地生成不同连接的权重，这就是自注意力机制，也称为内部注意力（Intra-Attention）机制，它可以抽取同一个句子内间隔较远的词条之间的联系。

自注意力模型经常采用查询 – 键 – 值（Query-Key-Value，QKV）模式。下面以最简单的尺度点积注意力为例，说明它的计算过程。

对于一个输入序列 $X \in \mathbb{R}^{D_x \times N}$，首先可以通过计算得到“键”序列矩阵、“值”序列矩阵和“查询”序列矩阵，如下所示：

$$K = \boldsymbol{W}_K X \in \mathbb{R}^{D_k \times N} \tag{9-9}$$

$$V = \boldsymbol{W}_V X \in \mathbb{R}^{D_v \times N} \tag{9-10}$$

$$Q = \boldsymbol{W}_Q X \in \mathbb{R}^{D_k \times N} \tag{9-11}$$

其中，$\boldsymbol{W}_K \in \mathbb{R}^{D_k \times D_x}$、$\boldsymbol{W}_V \in \mathbb{R}^{D_v \times D_x}$、$\boldsymbol{W}_Q \in \mathbb{R}^{D_k \times D_x}$ 分别为可学习的参数矩阵，利用这三个矩阵，可以通过注意力机制计算输出序列 $H \in \mathbb{R}^{D_v \times N}$，如下：

$$H = V\text{softmax}\left(\frac{K^{\mathrm{T}}Q}{\sqrt{D_k}}\right) \tag{9-12}$$

计算相似度的方法为缩放点积，除以 $\sqrt{D_k}$ 是为了防止内积的值过大或者过小而引起 softmax 值非 0 即 1。

自注意力模型可以作为神经网络中的一层来使用，既可以用来替换卷积层和循环层，也可以和它们一起交替使用（比如 X 可以是卷积层或循环层的输出）。需要注意的是，自注意力模型训练得到的权重矩阵只考虑“键”和“值”，忽略了输入序列的位置信息，因此，在单独使用自注意力模型时，一般需要加入位置编码来修正这一问题。

9.2.4 Transformer 模型

近年来 NLP 领域最让人印象深刻的成果，无疑是以谷歌提出的 BERT 为代表的预训练模型。无论是在任务指标还是在算力需求上，它们都在不断地刷新纪录，在很多任务上已经超越人类平均水平，此外，它们还具有非常良好的可迁移性，以及一定程度的可解释性。

目前主流的预训练模型都是以 2017 年 Google 提出的 Transformer 模型作为基础进行修改。可以说，Transformer 自从出现以来就彻底改变了深度学习领域，特别是 NLP 领域。Transformer 模型的基本架构如图 9-7 所示。

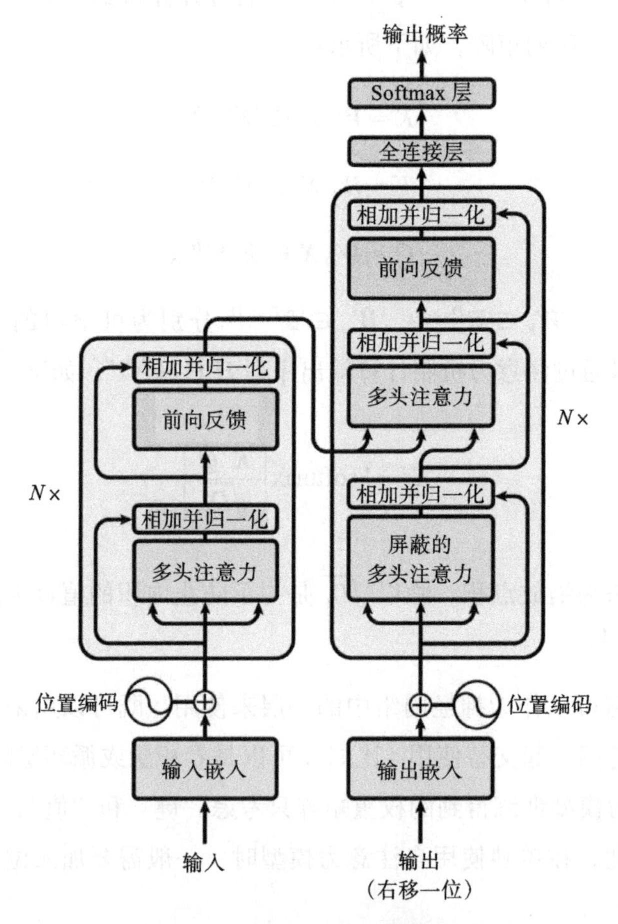

图 9-7 Transformer 模型基本架构

Transformer模型采用的是编码–解码架构，左半部是编码器，右半部是解码器。编码器和解码器实际上是相互堆叠在一起的多个相同的编码器和解码器，首次发表Transformer模型的论文"Attention Is All You Need"中使用了6个编码器和解码器，以翻译模型为例给出Transformer的总体架构，如图9-8所示。

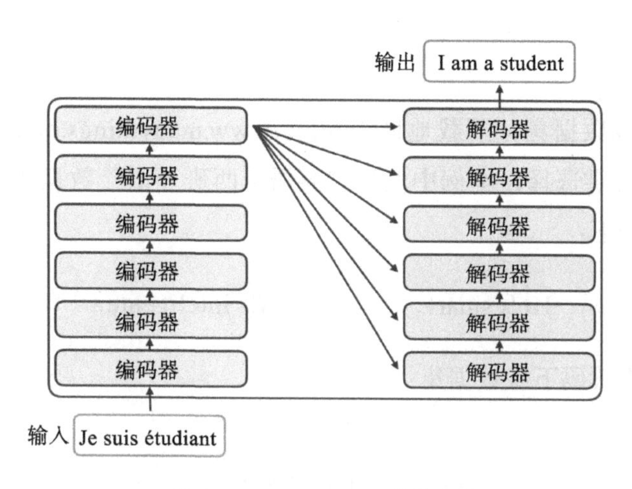

图9-8 Transformer总体架构

Transformer模型采用多头自注意力模型，可以在多个不同的投影空间中捕捉不同的交互信息，同时引入了位置信息编码，能够很好地编码两个词之间的相对位置关系。总体来说，Transformer模型无疑是对基于循环神经网络的序列到序列模型的巨大改进。

9.3 实例——基于注意力机制的机器翻译

本实例基于注意力机制，训练一个将西班牙语翻译为英语的序列到序列模型。

9.3.1 准备数据

首先导入需要的库，代码如下：

```
# 导入所需库
import tensorflow as tf
```

```
import matplotlib.pyplot as plt
import matplotlib.ticker as ticker
from sklearn.model_selection import train_test_split
import unicodedata
import re
import numpy as np
import os
import io
import time
```

接下来，下载数据集，下载地址为 http://www.manythings.org/anki/，该数据集中有很多种语言可供选择，本例中使用“英语－西班牙语”数据集。数据集包含的语言翻译对形式如下：

He's smart.　　　　Es inteligente.

我们使用以下代码下载数据集：

```
#下载数据集
path_to_zip = tf.keras.utils.get_file('spa-eng.zip', origin='http://storage.
    googleapis.com/download.tensorflow.org/data/spa-eng.zip', extract=True)
print(os.path.dirname(path_to_zip))
path_to_file = os.path.dirname(path_to_zip)+"/spa-eng/spa.txt"
```

该数据集会存储在本机 Keras 安装目录中的 datasets 目录下。下载好数据集后，对数据集进行预处理。首先将文件编码转换为 ASC 码，代码如下：

```
# 将 unicode 文件转换为 ascii
def unicode_to_ascii(s):
    return ''.join(c for c in unicodedata.normalize('NFD', s)
        if unicodedata.category(c) != 'Mn')
```

然后去除句子中的特殊符号和重音符号，代码如下：

```
# 将 unicode 文件转换为 ascii
def unicode_to_ascii(s):
    return ''.join(c for c in unicodedata.normalize('NFD', s)
        if unicodedata.category(c) != 'Mn')
#去除特殊符号
def preprocess_sentence(w):
    w = unicode_to_ascii(w.lower().strip())
```

```
    # 在单词与跟在其后的标点符号之间插入一个空格
    w = re.sub(r"([?.!,¿])", r" \1 ", w)
    w = re.sub(r'[" "]+', " ", w)
    # 除了 (a-z, A-Z, ".", "?", "!", ","), 将所有字符替换为空格
    w = re.sub(r"[^a-zA-Z?.!,¿]+", " ", w)
    w = w.rstrip().strip()
    # 给句子加上开始和结束标记
    # 以便模型知道何时开始和结束预测
    w = '<start> ' + w + ' <end>'
    return w
en_sentence = u"May I borrow this book?"
sp_sentence = u"¿Puedo tomar prestado este libro?"
print(preprocess_sentence(en_sentence))
print(preprocess_sentence(sp_sentence).encode('utf-8'))
# 去除重音符号
def create_dataset(path, num_examples):
    lines = io.open(path, encoding='UTF-8').read().strip().split('\n')
    word_pairs = [[preprocess_sentence(w) for w in l.split('\t')]  for l in
        lines[:num_examples]]
    return zip(*word_pairs)
en, sp = create_dataset(path_to_file, None)
print(en[-1])
print(sp[-1])
```

经过以上代码处理后，构成的句子对如图 9-9 所示。

<start> if you want to sound like a native speaker , you must be willing to practice saying the same sentence over and over in the same way that banjo players practice the same phrase over and over until they can play it correctly and at the desired tempo . <end>
<start> si quieres sonar como un hablante nativo , debes estar dispuesto a practicar diciendo la misma frase una y otra vez de la misma manera en que un musico de banjo practica el mismo fraseo una y otra vez hasta que lo puedan tocar correctamente y en el tiempo esperado . <end>

图 9-9　预处理后的句子对

接下来，我们要将文本转换为数字序列，代码如下：

```
# 定义文本转换为数字序列函数
def tokenize(lang):
    lang_tokenizer = tf.keras.preprocessing.text.Tokenizer(filters='')
    lang_tokenizer.fit_on_texts(lang)
    tensor = lang_tokenizer.texts_to_sequences(lang)
    tensor = tf.keras.preprocessing.sequence.pad_sequences(tensor, padding=
        'post')
    return tensor, lang_tokenizer
# 定义加载数据集函数
```

```
def load_dataset(path, num_examples=None):
    targ_lang, inp_lang = create_dataset(path, num_examples)
    input_tensor, inp_lang_tokenizer = tokenize(inp_lang)
    target_tensor, targ_lang_tokenizer = tokenize(targ_lang)
    return input_tensor, target_tensor, inp_lang_tokenizer, targ_lang_tokenizer
```

在上面的代码中，tokenize 函数用来将文本转换为数字序列，load_dataset 函数则负责加载文本后调用 tokenize 函数将文本转换为数字序列。

接下来划分训练集和验证集，代码如下：

```
# 加载数据并划分数据集
num_examples = 30000
input_tensor, target_tensor, inp_lang, targ_lang = load_dataset(path_to_file,
    num_examples)
# 采用 80:20 的比例切分训练集和验证集
input_tensor_train, input_tensor_val, target_tensor_train, target_tensor_val
    = train_test_split(input_tensor, target_tensor, test_size=0.2)
# 显示长度
print(len(input_tensor_train), len(target_tensor_train), len(input_tensor_
    val), len(target_tensor_val))
```

以上代码将数据集中的 80% 用于训练集，共计 24 000 条记录，20% 用于验证集，共计 6000 条记录。

接下来创建一个 tf.data 数据集，用于进行训练，代码如下：

```
# 创建 tf.data 数据集
BUFFER_SIZE = len(input_tensor_train)
BATCH_SIZE = 64
steps_per_epoch = len(input_tensor_train)//BATCH_SIZE
embedding_dim = 256
units = 1024
vocab_inp_size = len(inp_lang.word_index)+1
vocab_tar_size = len(targ_lang.word_index)+1
dataset = tf.data.Dataset.from_tensor_slices((input_tensor_train, target_
    tensor_train)).shuffle(BUFFER_SIZE)
dataset = dataset.batch(BATCH_SIZE, drop_remainder=True)
example_input_batch, example_target_batch = next(iter(dataset))
example_input_batch.shape, example_target_batch.shape
```

至此，数据集处理完成，接下来构建并训练模型。

9.3.2　构建并训练模型

首先构建编码器，代码如下：

```
# 构建编码器
class Encoder(tf.keras.Model):
    def __init__(self, vocab_size, embedding_dim, enc_units, batch_sz):
        super(Encoder, self).__init__()
        self.batch_sz = batch_sz
        self.enc_units = enc_units
        self.embedding = tf.keras.layers.Embedding(vocab_size, embedding_dim)
        self.gru = tf.keras.layers.GRU(self.enc_units, return_sequences=True,
            return_state=True, recurrent_initializer='glorot_uniform')

    def call(self, x, hidden):
        x = self.embedding(x)
        output, state = self.gru(x, initial_state = hidden)
        return output, state

    def initialize_hidden_state(self):
        return tf.zeros((self.batch_sz, self.enc_units))
        encoder = Encoder(vocab_inp_size, embedding_dim, units, BATCH_SIZE)

# 样本输入
sample_hidden = encoder.initialize_hidden_state()
sample_output, sample_hidden = encoder(example_input_batch, sample_hidden)
print ('Encoder output shape: (batch size, sequence length, units) {}'.
    format(sample_output.shape))
print ('Encoder Hidden state shape: (batch size, units) {}'.format(sample_
    hidden.shape))
```

在编码器中，我们使用了门控循环单元（GRU），编码后的语义向量形状如图 9-10 所示。

```
Encoder output shape: (batch size, sequence length, units) (64, 16, 1024)
Encoder Hidden state shape: (batch size, units) (64, 1024)
```

图 9-10　语义向量形状

接下来，为模型加入注意力机制，代码如下：

```
# 加入注意力机制
class BahdanauAttention(tf.keras.layers.Layer):
    def __init__(self, units):
        super(BahdanauAttention, self).__init__()
        self.W1 = tf.keras.layers.Dense(units)
        self.W2 = tf.keras.layers.Dense(units)
        self.V = tf.keras.layers.Dense(1)
    def call(self, query, values):
        # 隐藏层的形状 == (批大小, 隐藏层大小)
        # hidden_with_time_axis 的形状 == (批大小, 1, 隐藏层大小)
        # 这样做是为了执行加法以计算分数
        hidden_with_time_axis = tf.expand_dims(query, 1)
        # 分数的形状 == (批大小, 最大长度, 1)
        # 我们在最后一个轴上得到 1, 因为我们把分数应用于 self.V
        # 在应用 self.V 之前, 张量的形状是(批大小, 最大长度, 单位)
        score = self.V(tf.nn.tanh(self.W1(values) + self.W2(hidden_with_
            time_axis)))

        # 注意力权重 (attention_weights) 的形状 == (批大小, 最大长度, 1)
        attention_weights = tf.nn.softmax(score, axis=1)
        # 上下文向量 (context_vector) 求和之后的形状 == (批大小, 隐藏层大小)
        context_vector = attention_weights * values
        context_vector = tf.reduce_sum(context_vector, axis=1)
        return context_vector, attention_weights
attention_layer = BahdanauAttention(10)
attention_result, attention_weights = attention_layer(sample_hidden, sample_output)
print("Attention result shape: (batch size, units) {}".format(attention_
    result.shape))
print("Attention weights shape: (batch_size, sequence_length, 1) {}".
    format(attention_weights.shape))
```

加入注意力机制后，再构建解码器，代码如下：

```
# 构建解码器
class Decoder(tf.keras.Model):
    def __init__(self, vocab_size, embedding_dim, dec_units, batch_sz):
        super(Decoder, self).__init__()
        self.batch_sz = batch_sz
        self.dec_units = dec_units
        self.embedding = tf.keras.layers.Embedding(vocab_size, embedding_dim)
        self.gru = tf.keras.layers.GRU(self.dec_units, return_sequences=True,
            return_state=True, recurrent_initializer='glorot_uniform')
        self.fc = tf.keras.layers.Dense(vocab_size)
```

```
        # 用于注意力
        self.attention = BahdanauAttention(self.dec_units)
    def call(self, x, hidden, enc_output):
        # 编码器输出 (enc_output) 的形状 == (批大小, 最大长度, 隐藏层大小)
        context_vector, attention_weights = self.attention(hidden, enc_output)
        # x 在通过嵌入层后的形状 == (批大小, 1, 嵌入维度)
        x = self.embedding(x)
        # x 在拼接 (concatenation) 后的形状 == (批大小, 1, 嵌入维度 + 隐藏层大小)
        x = tf.concat([tf.expand_dims(context_vector, 1), x], axis=-1)
        # 将合并后的向量传送到 GRU
        output, state = self.gru(x)
        # 输出的形状 == (批大小 * 1, 隐藏层大小)
        output = tf.reshape(output, (-1, output.shape[2]))
        # 输出的形状 == (批大小, vocab)
        x = self.fc(output)
        return x, state, attention_weights
decoder = Decoder(vocab_tar_size, embedding_dim, units, BATCH_SIZE)
sample_decoder_output, _, _ = decoder(tf.random.uniform((64, 1)), sample_
    hidden, sample_output)
print ('Decoder output shape: (batch_size, vocab size) {}'.format(sample_
    decoder_output.shape))
```

在解码器中，我们采用将目标词作为下一个时间步输入的方式。现在已经构建好带注意力机制的编码-解码模型，下面对模型进行训练。首先设置训练参数，代码如下：

```
#设置训练参数
optimizer = tf.keras.optimizers.Adam()
loss_object = tf.keras.losses.SparseCategoricalCrossentropy(from_logits=True,
    reduction='none')
def loss_function(real, pred):
    mask = tf.math.logical_not(tf.math.equal(real, 0))
    loss_ = loss_object(real, pred)
    mask = tf.cast(mask, dtype=loss_.dtype)
    loss_ *= mask
    return tf.reduce_mean(loss_)
checkpoint_dir = './training_checkpoints'
checkpoint_prefix = os.path.join(checkpoint_dir, "ckpt")
checkpoint = tf.train.Checkpoint(optimizer=optimizer, encoder=encoder,
    decoder=decoder)
```

接下来，开始训练模型，代码如下：

```
# 开始训练模型
@tf.function
def train_step(inp, targ, enc_hidden):
    loss = 0
    with tf.GradientTape() as tape:
        enc_output, enc_hidden = encoder(inp, enc_hidden)
        dec_hidden = enc_hidden
        dec_input = tf.expand_dims([targ_lang.word_index['<start>']] *
            BATCH_SIZE, 1)
        # Teacher Forcing - 将目标词作为下一个输入
        for t in range(1, targ.shape[1]):
        # 将编码器输出 (enc_output) 传送至解码器
            predictions, dec_hidden, _ = decoder(dec_input, dec_hidden,
                enc_output)
            loss += loss_function(targ[:, t], predictions)
            # 使用 Teacher Forcing
            dec_input = tf.expand_dims(targ[:, t], 1)
    batch_loss = (loss / int(targ.shape[1]))
    variables = encoder.trainable_variables + decoder.trainable_variables
    gradients = tape.gradient(loss, variables)
    optimizer.apply_gradients(zip(gradients, variables))
    return batch_loss
EPOCHS = 5
for epoch in range(EPOCHS):
    start = time.time()
    enc_hidden = encoder.initialize_hidden_state()
    total_loss = 0
    for (batch, (inp, targ)) in enumerate(dataset.take(steps_per_epoch)):
        batch_loss = train_step(inp, targ, enc_hidden)
        total_loss += batch_loss
    if batch % 100 == 0:
        print('Epoch {} Batch {} Loss {:.4f}'.format(epoch + 1, batch,
            batch_loss.numpy()))
    # 每 2 个周期 (epoch), 保存 (checkpoint) 一次模型
    if (epoch + 1) % 2 == 0:
        checkpoint.save(file_prefix = checkpoint_prefix)
    print('Epoch {} Loss {:.4f}'.format(epoch + 1, total_loss / steps_per_
        epoch))
    print('Time taken for 1 epoch {} sec\n'.format(time.time() - start))
```

我们每两次保存一次模型，迭代 5 次。训练并保存好模型后，下面使用模型进行翻译。

9.3.3　使用模型进行翻译

首先定义评估函数，代码如下：

```
# 计算目标张量的最大长度 (max_length)
max_length_targ, max_length_inp = max_length(target_tensor),
    max_length(input_tensor)
#定义评估函数
def evaluate(sentence):
    attention_plot = np.zeros((max_length_targ, max_length_inp))
    sentence = preprocess_sentence(sentence)
    inputs = [inp_lang.word_index[i] for i in sentence.split(' ')]
    inputs = tf.keras.preprocessing.sequence.pad_sequences([inputs],
        maxlen=max_length_inp, padding='post')
    inputs = tf.convert_to_tensor(inputs)
    result = ''
    hidden = [tf.zeros((1, units))]
    enc_out, enc_hidden = encoder(inputs, hidden)
    dec_hidden = enc_hidden
    dec_input = tf.expand_dims([targ_lang.word_index['<start>']], 0)
    for t in range(max_length_targ):
        predictions, dec_hidden, attention_weights = decoder(dec_input,
            dec_hidden, enc_out)
        # 存储注意力权重，以便后面制图
        attention_weights = tf.reshape(attention_weights, (-1, ))
        attention_plot[t] = attention_weights.numpy()
        predicted_id = tf.argmax(predictions[0]).numpy()
        result += targ_lang.index_word[predicted_id] + ' '
        if targ_lang.index_word[predicted_id] == '<end>':
            return result, sentence, attention_plot
        # 预测的 ID 被输送回模型
        dec_input = tf.expand_dims([predicted_id], 0)
    return result, sentence, attention_plot
```

评估函数类似于训练循环，每个时间步的解码器输入都是其先前的预测、隐藏层状态和编码器输出。当到达结束标记时停止预测，同时存储每个时间步的注意力权重。

下面定义绘制热力图函数和翻译函数，代码如下：

```
#绘制热力图函数
def plot_attention(attention, sentence, predicted_sentence):
```

```
    fig = plt.figure(figsize=(10,10))
    ax = fig.add_subplot(1, 1, 1)
    ax.matshow(attention, cmap='viridis')
    fontdict = {'fontsize': 14}
    ax.set_xticklabels([''] + sentence, fontdict=fontdict, rotation=90)
    ax.set_yticklabels([''] + predicted_sentence, fontdict=fontdict)
    ax.xaxis.set_major_locator(ticker.MultipleLocator(1))
    ax.yaxis.set_major_locator(ticker.MultipleLocator(1))
    plt.show()
# 翻译函数
def translate(sentence):
    result, sentence, attention_plot = evaluate(sentence)
    print('Input: %s' % (sentence))
    print('Predicted translation: {}'.format(result))
    attention_plot = attention_plot[:len(result.split(' ')), :len(sentence.
        split(' '))]
    plot_attention(attention_plot, sentence.split(' '), result.split(' '))
```

接下来加载保存的模型，代码如下：

```
# 加载模型
checkpoint.restore(tf.train.latest_checkpoint(checkpoint_dir))
```

加载模型后，我们开始进行翻译并绘制注意力机制热力图，代码如下：

```
# 开始翻译
translate(u'hace mucho frio aqui.')
```

上面代码的输出结果如图 9-11 所示，显示翻译结果和注意力机制热力图。

至此，我们完成了从构建模型到使用模型进行翻译的完整过程。大家可以试着翻译其他的句子，观察翻译结果。

9.4 本章小结

序列到序列模型采用编码 – 解码方式构建，可以在机器翻译、聊天机器人、文本摘要等应用中使用。在此基础上，为了解决长期依赖问题，又引入了注意力机制。目前，注意力机制已经在语音识别、图像标题生成、阅读理解、文本分类、机器翻译等多个任务上取得很好的效果，也变得越来越流行。目前主流的预训练模型都是以 2017 年 Google 提出的 Transformer 模型为基础进行修改，使其成为自己的特征抽取器。Transformer 模型采用的是带自注意力机制的编码 – 解码架构。

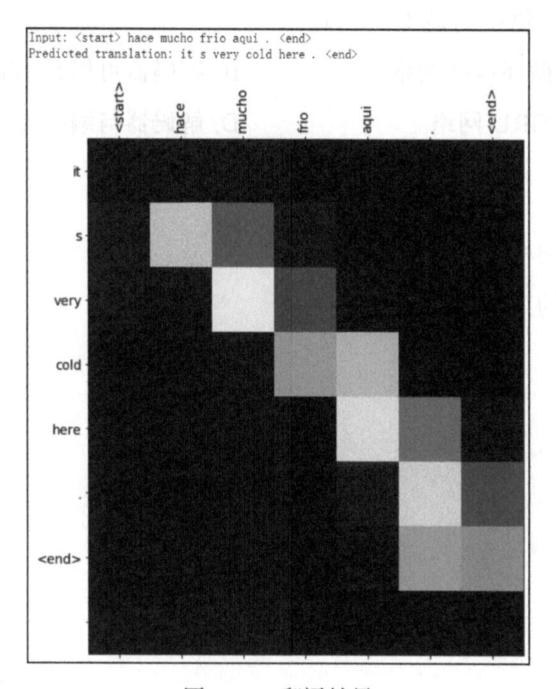

图 9-11　翻译结果

本章最后通过一个机器翻译的实例，详细讲解了如何使用带注意力机制的编码 – 解码架构，为日后进行其他自然语言处理的操作奠定了基础。

9.5　习题

一、填空题

1. 所谓__________模型，就是一种能够根据给定的序列，通过特定的方法生成另一个序列的方法。
2. __________是一个循环神经网络，通常使用 LSTM 或 GRU，负责将一个不定长的输入序列变换成一个定长的语义向量。

二、选择题

1. 编码器的输出叫作（ ）。

   A. 隐藏向量 B. 编码 C. 语义向量 D. 以上都不对

2. 以下关于解码器，错误的是（ ）。

   A. 解码器是一个循环神经网络 B. 解码器可以是 LSTM 网络

   C. 解码器可以是 GRU 网络 D. 解码器与编码器的输出一定一一对应

三、简答题

1. 简述编码 – 解码架构主要由什么组成。
2. 简述注意力机制的工作原理。

参考文献

[1] 宗成庆 . 统计自然语言处理 [M]. 北京：清华大学出版社，2013.

[2] Steven Bird，等 . Python 自然语言处理 [M]. 陈涛，张旭，崔杨，等译 . 北京：人民邮电出版社，2014.

[3] 百度百科 [OL]. https://baike.baidu.com/.

[4] 维基百科 [OL]. https://zh.wikipedia.org/.

[5] 秦赞 . 中文分词算法的研究与实现 [D]. 长春：吉林大学，2016.

[6] 周祺 . 基于统计与词典相结合的中文分词的研究与实现 [D]. 哈尔滨：哈尔滨工业大学，2015.

[7] 梁伟明 . 中文关键词提取技术 [D]. 上海：上海交通大学，2010.

[8] 孙晓 . 中文词法分析的研究及其应用 [D]. 大连：大连理工大学，2010.

[9] 尚文倩 . 文本分类及其相关技术研究 [D]. 北京：北京交通大学，2007.

[10] 姜锋 . 基于条件随机场的中文分词研究 [D]. 大连：大连理工大学，2006.

[11] 张会鹏 . 中文词法分析技术的研究与实现 [D]. 哈尔滨：哈尔滨工业大学，2006.

[12] 彭时名 . 中文文本分类中特征提取算法研究 [D]. 重庆：重庆大学，2006.

[13] 胡欢 . 面向热点话题的因果事理图谱构建及应用研究 [D]. 青岛：青岛大学，2020.

[14] Huang C R. Tagged Chinese Gigaword Version 2.0[J]. Linguistic Data Consortium, 2009.

[15] Zhou Q. Annotation Scheme for Chinese Treebank[J]. Journal of Chinese

Information Processing, 2004, 18(4)：1-8.

[16] Zhou Q. Build a large-scale syntactically annotated Chinese corpus[C]. In International Conference on Text, Speech and Dialogue. Berlin: Springer, 2003：106-113.

[17] 屠可伟，李俊 . 句法分析前沿动态综述 [J]. 中文信息学报，2020，34(7)：30-41.

[18] 周强 . 汉语句法树库标注体系 [J]. 中文信息学报，2004(4)：1-8.

[19] 孟遥，李生，赵铁军，等 . 基于统计的句法分析技术综述 [J]. 计算机科学，2003(9)：54-58.

[20] 袁里驰 . 基于统计的句法分析方法 [J]. 中南大学学报（自然科学版），2014，45(8)：2669-2675.

[21] 李正华 . 汉语依存句法分析关键技术研究 [D]. 哈尔滨：哈尔滨工业大学，2013.

[22] 符斯慧 . 面向印尼语的依存句法分析研究 [D]. 广州：广东外语外贸大学，2019.

[23] 曹海龙 . 基于词汇化统计模型的汉语句法分析研究 [D]. 哈尔滨：哈尔滨工业大学，2006.

[24] 涂铭，刘祥，刘春树 . Python 自然语言处理实战核心技术与算法 [M]. 北京：机械工业出版社，2018.

[25] Minka T, Graepel T, Herbrich R T. A Bayesian skill rating system[C]. Advances in neural information processing systems, 2007, 19：569-576.

[26] Pedregosa, et al. Scikit-learn: Machine Learning in Python[J]. JMLR, 2011, 2825-2830.

[27] Buitinck, et al. API design for machine learning software: experiences from the scikit-learn project[J]. Eprint Arxiv, 2013.

[28] 王爽 . 基于机器学习的自动文本分类方法研究 [D]. 成都：电子科技大学，2020.

[29] 于游，付钰，吴晓平 . 中文文本分类方法综述 [J]. 网络与信息安全学报，2019，5(5)：1-8.

[30] 汪丹丹 . 中文文本聚类算法研究 [D]. 苏州：苏州大学，2016.

[31] 王兵 . 一种基于逻辑回归模型的搜索广告点击率预估方法的研究 [D]. 杭州：浙江大学，2013.

[32] 平源 . 基于支持向量机的聚类及文本分类研究 [D]. 北京：北京邮电大学，2012.

[33] 王懿 . 基于自然语言处理和机器学习的文本分类及其应用研究 [D]. 成都：中国科学院研究生院（成都计算机应用研究所），2006.

[34] Yan LeCun, Boser B, Denker J S, et al. VBackpropagation Applied to Handwritten Zip Code Recognition[J]. Neural Computation, 1989.

[35] Yan LeCun, Bottou L, Bengio Y, et al. Gradient-Based Learning Applied to Document Recognition[J]. Preceedings of the IEEE, 1998.

[36] Bottou L . Neural Netwoks: Tricks of the Trade[M]. Berlin：Springer, 2012.

[37] Kim Y. Convolutional Neural Networks for Sentence Classification[C]. Proceedings of the 2014 Conference on Empirical Methods in Natural Language Processing, 2014：1746–1751.

[38] Kalchbrenner N, Grefenstette E, Blunsom P. A Convolutional Neural Network for Modelling Sentences[C]. ACL, 2014：655–665.

[39] Santos C N, Gatti M. Deep Convolutional Neural Networks for Sentiment Analysis of Short Texts[C]. International Conference on Computational, 2014 : 69–78.

[40] Johnson R, Zhang T. Effective Use of Word Order for Text Categorization with Convolutional Neural Networks[J]. Eprint Arxiv, 2014.

[41] Johnson R, Zhang T. Semi-supervised Convolutional Neural Networks for Text Categorization via Region Embedding[J]. Adv Neural Inf Process Syst. 2015 : 919-927.

[42] Wang P, Xu J, Xu B, et al. Semantic Clustering and Convolutional Neural Network for Short Text Categorization[J]. Proceedings ACL, 2015：352–357.

[43] Zhang Y, Wallace B. A Sensitivity Analysis of (and Practitioners' Guide to)

Convolutional Neural Networks for Sentence Classification[J]. Computer Science, 2015.
[44] Nguyen T H, Grishman R. Relation Extraction: Perspective from Convolutional Neural Networks[C]. Workshop on Vector Modeling for NLP, 2015：39–48.
[45] Sun Y, Lin L, Tang D, et al. Modeling Mention , Context and Entity with Neural Networks for Entity Disambiguation[C]. IJCAI, 2015：1333–1339.
[46] Zeng D, Liu K, Lai S, et al. Relation Classification via Convolutional Deep Neural Network[J]. Coling, 2011：2335–2344.
[47] Gao J, Pantel P, Gamon M, et al. Modeling Interestingness with Deep Neural Networks[J]. Proceedings of the 2014 Conference on Empirical Methods in Naturel Language Processing (EMNLP), 2014：2-13.
[48] Shen Y, He X, Gao J, et al. A Latent Semantic Model with Convolutional-Pooling Structure for Information Retrieval[C]. Proceedings of the 23rd ACM International Conference on Conference on Information and Knowledge Management, 2014：101–110.
[49] Weston J, Chopra S, Adams K. TagSpace: Semantic Embeddings from Hashtags[C]. Proceedings of the 2014 Conference on Empirical Methods in Natural Language Processing (EMNLP), 2014.
[50] Santos C, Zadrozny B. Learning Character-level Representations for Part-of-Speech Tagging[C]. Proceedings of the 31st International Conference on Machine Learning, 2014：1818–1826.
[51] Zhang X, Zhao J, Yan LeCun. Character-level Convolutional Networks for Text Classification[C]. Neural Information Processing Systems, 2015：1–9.
[52] Zhang X, Yan LeCun. Text Understanding from Scratch[J]. Computer Science, 2015.
[53] Kim Y, Jernite Y, Sontag D, et al. Character-Aware Neural Language Models[J]. CoRR, 2015.
[54] Graves A, Mohamed A R, Hinton G. Speech Recognition with Deep Recurrent

Neural Networks[J]. IEEE International Conference on Acoustics, 2013.

[55] Graves A. Generating Sequences With Recurrent Neural Networks[J]. Computer Science, 2013.

[56] Schuster M, Paliwal K K. Bidirectional recurrent neural networks[J]. IEEE Transactions on Signal Processing, 1997, 45(11)：2673-2681.

[57] Sak H, Senior A, Beaufays F. Long short-term memory recurrent neural network architectures for large scale acoustic modeling[J]. Computer Science, 2014.

[58] Sutskever I, Martens J, Hinton G E. Generating Text with Recurrent Neural Networks[C]. International Conference on Machine Learning. DBLP, 2016.

[59] Sundermeyer M, R Schlüter, Ney H. LSTM Neural Networks for Language Modeling[C]. Interspeech, 2012.

[60] Liu J, Gang W, Ping H, et al. Global Context-Aware Attention LSTM Networks for 3D Action Recognition[C]. IEEE Conference on Computer Vision & Pattern Recognition, 2017.

[61] 唐明，朱磊，邹显春 . 基于 Word2Vec 的一种文档向量表示 [J]. 计算机科学，2016.

[62] Lilleberg J, Yun Z, Zhang Y. Support vector machines and Word2vec for text classification with semantic features[C]. IEEE International Conference on Cognitive Informatics & Cognitive Computing, 2015.

[63] 周练 . Word2vec 的工作原理及应用探究 [J]. 科技情报开发与经济，2015(2)：145-148.

[64] Xiong F, Deng Y, Tang X . The Architecture of Word2vec and Its Applications[J]. Journal of Nanjing Normal University(Engineering and Technology Edition), 2015.

[65] 周瑛，刘越，蔡俊 . 基于注意力机制的微博情感分析 [J]. 情报理论与实践，2018.

[66] 颜梦香，姬东鸿，任亚峰 . 基于层次注意力机制神经网络模型的虚假评论识别 [J]. 计算机应用，2019，39(347)：63-68.

推荐阅读

Python语言程序设计

作者：王恺 王志 李涛 朱洪文 ISBN：978-7-111-62012-9

强调问题导向，培养读者通过编程解决实际问题的能力和对程序设计本质的认识，并掌握Python编程的相关方法。

合理地分解知识点，并将每个编程知识点和实例结合，实例的规模循序渐进，逐步提升读者用Python解决问题的能力。

通过大量“提示”和“注意”等环节，向读者强调并详细说明不容易理解或实际开发中容易出现差错的知识点。

Python数据分析与应用

作者：王恺 路明晓 于刚 张月久 ISBN：978-7-111-68160-1

本书始终以解决实际问题为宗旨，通过丰富的程序实例使读者更直观地理解并掌握应用数据思维分析问题、利用Python数据分析解决问题的方法和过程。

知识系统完整，重点和难点突出。针对每个数据分析问题，都按照分析问题、设计求解问题的算法、给出程序及运行结果、分析程序中的关键点并提示易错处的思路进行讲解。

强调Python工具库的应用。在介绍Python工具包时，首先介绍工具包提供的数据类型，再根据问题介绍相关的数据操作方法，从而培养读者对工具包的应用能力。

推荐阅读

深度学习基础教程

作者：赵宏 于刚 吴美学 张浩然 屈芳瑜 王鹏 ISBN：978-7-111-68732-0

围绕新工科相关专业初学者的需求，以阐述深度学习的基本概念、关键技术、应用场景为核心，帮助读者形成较为完整的知识体系，为进一步学习人工智能其他专业课程和进行学术研究奠定基础。

以深入浅出为指导思想，内容叙述清晰易懂，并辅以丰富的案例和图表，在理解重要概念、技术的使用场景的基础上，读者可以通过案例进行实践，学会利用深度学习知识解决常见的问题。

每章配有类型丰富的习题和案例，既方便教师授课，也可以帮助读者通过这些学习资源巩固所学知识

基于深度学习的自然语言处理

作者：[以色列] 约阿夫・戈尔德贝格（Yoav Goldberg） 译者：车万翔 郭江 张伟男 刘铭　刘挺 主审

ISBN：978-7-111-59373-7

本书旨在为自然语言处理的从业者以及刚入门的读者介绍神经网络的基本背景、术语、工具和方法论，帮助他们理解将神经网络用于自然语言处理的原理，并且能够应用于自己的工作中。同时，也希望为机器学习和神经网络的从业者介绍自然语言处理的基本背景、术语、工具以及思维模式，以便他们能有效地处理语言数据。

推荐阅读

神经网络与深度学习

作者：邱锡鹏 ISBN：978-7-111-64968-7

本书是深度学习领域的入门教材，系统地整理了深度学习的知识体系，并由浅入深地阐述了深度学习的原理、模型以及方法，使得读者能全面地掌握深度学习的相关知识，并提高以深度学习技术来解决实际问题的能力。

神经网络设计（原书第2版）

作者：[美]马丁 T. 哈根 霍华德 B. 德姆斯 马克 H. 比勒 奥兰多·德·赫苏斯

译者：章毅 等 ISBN:：978-7-111-58674-6

新增关于泛化、动态网络和径向基网络的新章节以及5个实例分析，全面涵盖前馈网络、回复网络和竞争网络，使得全书从问题引入、基础概念、设计方法到工程应用的脉络更加清晰。

甄选实用的神经网络结构、学习规则和训练技巧，提供理解网络原理所必需的数学知识，同时舍弃生物学基础和硬件实现细节，目的是专注于讲解设计之道，而不是成为知识大全。

采用自成体系的章节设计，全书模块一致，从目标到结束语、从理论到实例皆一目了然，各章之间的过渡尤为流畅，用坚实的基础和张弛有序的节奏为步步深入的学习扫清了障碍。

情感分析：挖掘观点、情感和情绪

作者：[美] 刘兵 译者：刘康 赵军 ISBN：978-7-111-57498-9

给出观点以及观点挖掘和情感分析的全面定义，并对其中的关键概念进行了详细解释，使初学者能够对该任务的目标和脉络进行全面了解。

不仅介绍了经典观点挖掘和情感分析问题，同时还详细介绍了意图识别、垃圾评论检测、立场分析等相关新任务和新技术的最新研究方法。

既包含了观点挖掘与情感分析的相关基础理论知识，还涉及大量实战经验的介绍。读者在阅读之后能够快速地搭建一套观点挖掘与情感分析的实际系统。